下品の流儀

エガちゃんねる　10億回再生

藤野義明
（ブリーフ団D）

宝島社

エガちゃんねるオフショット写真集

「エガちゃんねる」初の海外ロケはアラブ首長国連邦。初の海外が中東という渋さも「エガちゃんねる」らしさ。イスラム圏のため、ブリーフ団のいつもの衣装は宗教的にNGということで、全員民族衣装「ガンドゥーラ」に着替えてロケしました。ロケで江頭さんがラクダに乗ったのですが、その合間に記念で撮った1枚です。[2022.12.23]

「エガフェス2024」の10日ほど前に行われた、シュノーケルさんとのバンドリハーサル。リハから全力の江頭さん、心も体も熱くなって1人だけ上半身裸でやってました(笑)。[2024.8.6]

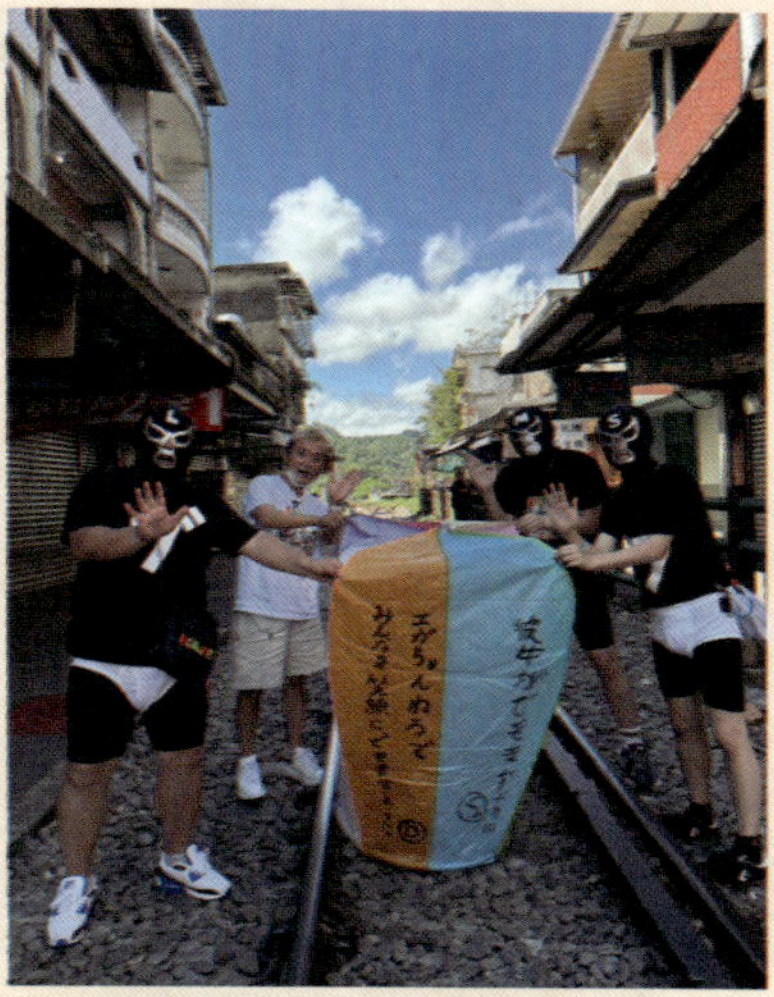

台湾ロケで、江頭さんとマナー講師平林先生がランタンに願い事を書いて飛ばしたのですが、このチャンスを逃したらもう一生できないかもしれない！ということで、ブリーフ団も撮影後に願い事を書いて飛ばしました。僕の願い事だけマジメで恥ずかしいですね。[2024.9.6]

台湾で全てのロケが終わったあとの江頭さん。最後が温泉だったのですが、長時間温泉に入ってのぼせてしまったので、扇風機でクールダウンしてます。[2024.9.6]

「エガフェス2024」TBS美術チームの技術を結集して作った「おっ○いトロッコ」。[2024.8.18]

「エガフェス2024うましら〜祭り」は、台風のため４日間の予定が１日しか開催されず、我々は「エガフェス2024大本番」終了後にようやく、うましら〜祭り会場に行くことができました。１日しか展示できなかったこのオブジェ、かかった金額はウン百万円！　お客さんが誰もいなくなった会場で記念撮影。[2024.8.18]

「エガフェス2024うましら〜祭り」の協賛提灯。1000口の枠はすべて埋まりましてありがとうございました！　江頭さん、ブリーフ団も出させていただき、江頭さんは大人のお店を予約する時の偽名「山田秀晴」で協賛。こちらもエガフェス大本番終了後に初めて見ることができたのですが、1000個並んだ提灯はとてもキレイで忘れられない景色の１つです。[2024.8.18]

エガフェス2024会場ロビーの柱には、ありがたいことにブリーフ団のイラストが描かれた柱もありました！　これも見ることができたのは大本番終了後。それだけ本番前はバタバタだったエガフェス2024でした。[2024.8.18]

「エガフェス2022」はコロナ禍だったこともあり、打ち上げは本番の半年後に行われました。キャイ～ンさん、中川翔子さん、大原がおりさん、オラキオさん、チェリー吉武さんなど、出演者のみなさんと、江頭さんの大好物「ガツン、とみかん」で乾杯！
[2023.4.3]

横浜DeNAベイスターズの始球式の時にオリジナルのユニフォームを作っていただきました。背番号のところにアルファベットを入れたのは初めてのことらしいです。
[2024.8.9]

始球式登場直前の瞬間。なおこの試合時間が奇跡の２時間50分！　そしてこのシーズン、ベイスターズは26年ぶりの日本一に！　やはり江頭さん、何かを持ってるんでしょうか。
[2024.8.9]

1000万回再生突破した動画たち

江頭55歳、初めてのマクドナルド | 1016万回再生
https://youtu.be/fCMffw4qq4k?si=DpeaQF3h-sn8ZFel

【完食者０人】江頭、地獄の担々麺「激辛MAX無限」に挑む！ | 1066万回再生
https://youtu.be/iUMQeaCnrS4?si=_7Qw8aAPsd3GdyhE

【地獄のお会計】大食い女王３人に牛宮城食べ放題をご馳走した | 1049万回再生
https://youtu.be/ZKx7J1tB4zg?si=hOLw4qjueyaEDYK3

江頭56歳、初めての二郎系ラーメン | 1315万回再生 | 63ページ参照
https://youtu.be/m5mKPFHOGoU?si=chcq_qhRdzLEscQp

※ほかに、３本の動画が1000万回再生突破

炎上上等! ネタ動画

【エガー・ポッター】禁断の黒魔術を解放せよ！ | 137ページ参照
https://www.youtube.com/watch?v=TaCXGX9UjNg

エガグループから大切なお知らせ | 135ページ参照
https://www.youtube.com/watch?v=HjNhD2NjIvE

孤独のス●べ | 165ページ参照
https://www.youtube.com/watch?v=PT9mRKUQ6hg

【マリオの世界】スーパー・エガテンドー・ワールド、開園！
https://youtu.be/nvpw_d5Oqe0?si=PnLgioar5GzWzzRA

完全燃焼! 江頭チャレンジ企画

【江頭釣り部】江頭、伝説の巨大モンスターマグロを釣る！ | 77、118ページ参照
https://www.youtube.com/watch?v=QOUwaZZ2SQg

【江頭釣り部】江頭、モンスター人喰いザメを釣る！
https://youtu.be/QniAIJVc0TI?si=5d_Fum79a848ZJ0V

【史上初】江頭、ホノルルマラソン42.195km完走するまで生配信！ | 120ページ参照
https://www.youtube.com/watch?v=sA9a17K2DaI

【超巨大めし】250人前の「至高のチャーハン」を作ってサプライズしてみた | 147ページ参照
https://www.youtube.com/watch?v=_lZlJIYWw5Q

テレビでは見られないB面の江頭

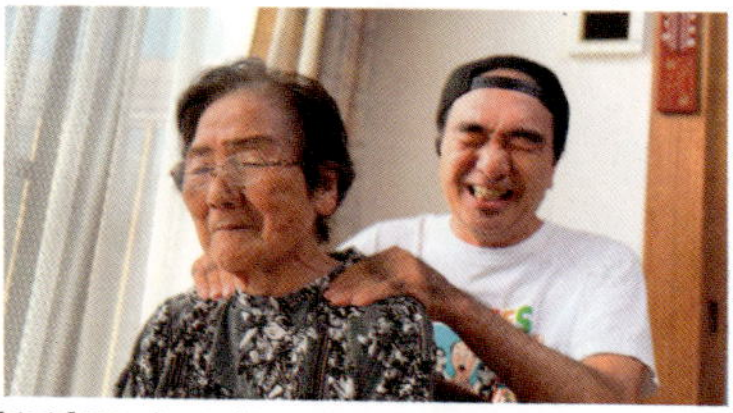

【実家】母に会いに行きました ｜ 111、148ページ参照
https://www.youtube.com/watch?v=NLIwngPiVoU

【伝説のスピーチ】入学式にしょこたんとサプライズ乱入！ ｜ 87ページ参照
https://www.youtube.com/watch?v=6-3gTpjkZzw

江頭、パパになる。
https://youtu.be/GfBkNG-a8Oc?si=MSw24EiiNliIjhOx

【プロ独身】江頭、１人ぼっちのナイトルーティン
https://youtu.be/THhrTcRfAX0?si=FAzLsDauM7rVw5Tq

エガちゃんねるオフショット写真集

ディズニーの案件動画で韓国ロケに行った帰り、息子のふじまるが羽田空港に迎えに来てくれていたので、江頭さんと撮らせていただきました。［2024.7.5］

長崎の五島列島に向かう空港で、飛行機の待ち時間。江頭さんが１人でこっそり甘いパンを買って食べてました。江頭さん、とにかく甘いものが好きなんです。［2024.8.30］

年越し生配信のあと、初日の出をみんなで見に行きました。この歳になっておじさんだらけで初日の出を見に行くことがあるとは思いませんでした。[2023.1.1]

佐賀県人会のどぶろっくさんが、初めてエガちゃんねるに出演してくれた時の１枚。どぶろっくの江口さんはいつも家族でエガちゃんねるを観てくれているそうで、下ネタを連発して「どうしよう……」と悩んでました(笑)。[2024.4.26]

富士登山生配信、１回目は悪天候により途中で断念しましたが、２年後、２回目の挑戦で登頂に成功！［2023.7.17］

エガちゃんねるで生配信したホノルルマラソン。２ヶ月前から練習を始めて挑んだ初めてのフルマラソンでは、最後は足を引きずりながらではありましたが、無事全員完走することができました（２日後、全身が炎症を起こし、３日間寝込みました）。[2023.12.10〜11]

ホノルルマラソン[2023.12.11]

この本を手にしている あたまのおかしいお前たちへ

第2弾？　ふざけんじゃねーよ！
前回の『エガちゃんねる革命』では、あることないこと
オレの裏側をバラシまくりやがって！　営業妨害だっつーんだよ！
まさか、今回もそんな内容になってんじゃないだろうな!?

オイ！　これからこの本を読もうとしているあたまのおかしいお前ら！
もし、オレの素の部分が書いてあっても、
それはブリーフ団Dが書いたデタラメだ！
絶対に信じるんじゃないぞ！　わかったな！

けど、この本を読んだらエガちゃんねるがさらに面白く観られると思う。
だから、読むことは許す！
だけど、オレの部分は全部、真っ赤なウソだから騙されるなよ〜！
あ、バイトの時間だ！

江頭2：50

はじめに

2022年2月に前作『エガちゃんねる革命』という本を出させていただいてから3年、ユーチューブ「エガちゃんねる」開設から5周年というタイミングでこの本を出させていただくことになりました。1作目をご購入いただいたみなさま、そして本書を手に取っていただいたみなさま、誠にありがとうございます。

僕はテレビのディレクターと呼ばれる仕事を20年以上やっていまして、2020年2月に江頭さんに声をかけてユーチューブで「エガちゃんねる」を始めました。

そこからしばらくして「本を出してみませんか？」と前作で言われた時、「ディレクターという職業は裏方で、目立つべき存在ではない」という先輩方の考えが根本にあったので最初は悩みました。しかしメディアを取り巻く環境は昔と大きく変わりまして、コンテンツに対する視聴者の声は良くも悪くも我々に届きやすく、世間にまたたく間に拡散されていきます。その中にはもちろん批判的な内容があるわけですが、それは僕ら作り手の考え方や意図が伝わっていないために誤解されている場合が多かったりします。

もちろん、我々の意図をコンテンツの中に入れ込み伝える努力もしていますが、それでも伝えきれない。そんな状況に僕自身がフラストレーションを感じていまして、今の時代、作り手側もそれなりに視聴者に対して「ここはこういう背景があったからこういう動画の展開になったんですよ」「そもそもこういうスタンスでチャンネルを作っているんです」という思考の過程を伝えたほうがお互いにとって健全なのではないか、という考えに変化していきました。そうした背景のもと、我々作り手の意図・思考を少しでもお伝えしたい、という思いで、前作『エガちゃんねる革命』を出す決意をしました。

それでも出す前は「ディレクターが調子に乗って本なんか出してんじゃゃねぇ」という声もそれなりに覚悟はしていたのですが、いざ出してみるとそういった声は（少なくとも僕のもとには）1つもなく、逆にその本のおかげで「エガちゃんねる」をより好きになったという声や、他業種であってもビジネス書的に勉強になった、というようなありがたい反響をたくさん頂けました。

そこから3年を経て本書のお話を頂いたのですが、今回も誰かにとって少しでも力になれるのであれば、という淡い期待を抱き、書かせていただきました。芸人・江頭2：50をはじめとする仲間たちと戦ってきた日々、しばしお付き合いください。

いつも応援してくださっているファンのみなさま、そして支えてくださっているたくさんの仕事仲間のみなさまに、感謝を込めて。

目次

3章 悪戦苦闘！
ディレクターとして譲れないもの

本書に登場する各動画の再生回数は、2024年12月12日現在の数字です。

本書では各ページ文章中に登場する動画のQRコードを下の欄外に掲載し、動画にアクセスできるようにしています。スマホなどのカメラで読み込んでご使用ください。もしQRコードが読み込めない場合は、巻末（202ページ～）に各動画のURLを一覧で載せていますので、そちらを参考にしてください。

QRコードは株式会社デンソーウェーブの登録商標です。お客様のネット環境、端末などによりご利用いただけない場合があります。また、本書掲載のQRコードに対応した動画サービスは、予告なく終了する場合があります。あらかじめご了承ください。動画が視聴できないことを理由とした書籍の返品には応じかねます。なにとぞご了承ください。

1章

下品上等！

「エガちゃんねる」奇跡動画の舞台裏

1 「一日一善」ならぬ「一日一不自然」

孤高の笑わせ屋、江頭2：50のすべてを押し出そうと企画し、２０００年2月1日にスタートしたユーチューブ「エガちゃんねる」。開設5周年を迎える今では登録者４５０万人超、再生回数10億回以上という、企画段階では考えもしなかったチャンネルへと「あたおか」（エガちゃんねるを応援してくれる〝アタマのおかしい〟奴ら）のみなさまに育てていただきました。江頭さんが暴れるフィールドはユーチューブ内にとどまらず、あたおかとともに盛り上がる笑いと音楽の祭典「エガフェス」まで実現。みなさまには感謝してもしきれません。

初回動画「江頭2：50、YouTubeに参上！【BADASS SAMURAI】」[1]で、いきなりユーチューブにおける大事な収益源「広告審査」に落ちる波乱の幕開け。その後も広告審査に何度も落ちる中、「テレビでは無理でも、ユーチューブならお金さえあきらめればできる」をモチベーションに動画を更新し続け、気づいたら、当初、サポート役だった〝江頭さんの親友〟ブリーフ団の3人（L・M・S）までもが支持を頂いています。

これほど多くの方に応援してもらえるのは本当に嬉しいことではありますが、この状況って一度立ち止まって冷静になってみると、けっして当たり前のことでなく、とても「不自然」なことが起こっています。だって、コンプライアンスの縛りによって一度はテレビの仕事がほとんどなくなった江頭さんです。どこのテレビ局、配信プラットフォームに江頭さんの企画書を持っていってもまったく相手にしてもらえなかったんです。もっと前まで振り返ってみれば、「嫌いな芸人ランキング」で9年連続1位だった江頭さんです。今のこの状況は冷静になってみると奇跡的で、とても「不自然」なこと。

では、この「不自然」な状況はなぜ起きたのか？

もちろんそこには江頭さんが芸歴35年のあいだに作り続けた「伝説」、唯一無二の芸風、キャラクター、そしてそんな江頭さんを昔から応援してくれていたみなさまの力がベースにあることは間違いありません。では、それ以外のファクターはなんだったのか。

自然なことをやっていても、「不自然」なことは起きません。「不自然」なアクションを繰り返すことによって、大きな「不自然」な結果が生まれるのではないでしょうか。

「エガちゃんねる」は、ここまで来るまでに数多くの「不自然」を繰り返してきました。

チャンネル開設当初、江頭さんやブリーフ団と話し合って決めたのは「ユーチューブの自然＝当たり前なこと」にとらわれないようにしよう、ということ。当時ユーチューブの世界では、テレビ的な編集は嫌われ、ありのままを求められるというユーチューブの定説がありましたが、それに逆らって、テレビ的なゴリゴリに笑いを作る編集をしていくことに。当時は「動画の更新頻度は毎日がいい」という定説がありましたが、クオリティの低い動画を毎日出すよりも、クオリティを上げて週2、3本に絞ってみる。動画公開はユーチューブでのゴールデンタイムとされる19時~21時ではなく、誰も動画を公開しない日曜深夜2時50分にしました。

そもそもの話をすれば、何十年とテレビを主戦場としてやってきた江頭さんと僕。一生、テレビの世界で仕事をしていくものだと思っていました。そんなところから、ユーチューブを舞台に自腹で挑戦するという大きな「不自然」がありました。こうした「不自然の連続」が、結果的に今の大きな「不自然」な状況につながったのではないかと、僕たちは思っています。

この「一日一善」ならぬ「一日一不自然」、僕は何かを選択する場面に立った時に意識するようにしています。「不自然」な選択をするというのは周りからの目もありますし、勇気がいることかもしれません。ただやってみると意外といいもので（笑）……。

（「はじめに」でも書きましたが）本を書くと決断したことも僕の人生にとってはとても不自然な選

択でしたが、結果的に新しい出会いや発見があり、書く前は想像さえもしなかったたくさんの「不自然」で楽しい未来がありました。

少し前に、この「不自然」とは真逆の考え方で「ありのまま」がいいという、とても耳心地のいいフレーズが流行りました。もちろんそれ自体を否定するつもりはありませんが、「ありのまま＝自然」に生きていたら結果は「自然」なことになるでしょう。それはそれでとても素晴らしい生き方だと思います。

ただもしも、ジャンルを問わず、仕事でもプライベートでも、何か現状を変えてみたい、新しいことに挑戦したいと考えるのであれば、何かを選択する岐路に立った時、「一日一不自然」を頭の片隅にでも……。

2 — 羊の皮を被った下品

広告審査に落ちるような下品な動画が多い「エガちゃんねる」ではありますが、「下品」の見せ方、商品棚に「下品」な商品をどう並べるかはチャンネルにとってとても重要だと考えています。

たとえば、「江頭、福島に行く。」[1]と題した動画は、福島の海をバックに、ポケットに手を突っ込んでカッコつけている江頭さん、というシンプルなサムネイル。そして動画の中身の8割は、江頭さんが海の幸を堪能《たんのう》して福島の人々と交流するというハートフルな内容です。ただ、それだけでは「エガちゃんねる」らしくない。動画後半では、ブリーフ団の股間を江頭さんの頭に乗せて、頭皮の感触で誰の股間かを当てる〝ききちょんまげ〟という下品な企画をやっています。

我々としては、この旅のメインはこの〝ききちょんまげ〟。こういうくだらないことがやりたくてこの仕事をやっている、と言っても過言ではありません。しかしこの動画を、我々の考えを押し付けて〝ききちょんまげ〟押しにしたサムネイルにすると、コアなあたおか

1

は喜んでくれても一般ウケはしません。目指しているのは、コアなあたおかも喜んでもらいつつ、多くの人にも観てもらえる動画。両方を満足させることがとても重要です。

ほかにも、「【大食い】江頭、超巨大海鮮丼に挑む！」[2]というタイトルの動画では、もちろん超巨大海鮮丼は出てきますが、中身を見れば冒頭から「ダーツの旅」のパロディで、「お尻ダーツの旅〜〜！」と江頭さんが企画タイトルを発表し、江頭さんがお尻からダーツの矢を飛ばし出す。しかも、お尻の穴からダーツを吹き出そうとした瞬間、勢い余って穴から〇〇まで漏らしてしまい……それを見たブリーフ団が爆笑しているという、もう下品の極み、最低です。

同様に、「【伝説の一杯】江頭、伝説の徳島ラーメンを食べに行く」[3]と題した動画では、サムネイルは徳島ラーメンと江頭さん、という、パッと見はグルメ動画。しかし中身は、冒頭で徳島の風光明媚な景色を見せつつ、徳島ラーメンを食べる前に食事代を誰が出すかを決めるために〝おしりあみだくじ〟（〝当たり＝江頭さんのお尻の穴〟に入った人）というこれまた下品でアホなゲームへとなだれ込む。

言うなれば、「羊の皮を被《かぶ》った狼」ならぬ、「羊の皮を被った下品」作戦。「さぁ、下品な

3　2

ものですよ！」と見せるのではなく、「ほっこり系の旅番組をやっていますよー」と見せかけて、中で隠し球のように下品な企画を入れ込んでいく。

ユーチューブでは「重大な発表」っぽいサムネにして、じつはたいしたことないという「サムネ詐欺」がよくありますが、我々は「なんてことない旅動画」に見せておいて、いざ動画を観てみると過激でとんでもないことをやっているので、視聴者からは言わば「逆サムネ詐欺」をしています。

とにかく、我々のやりたいことをどの側面から見てもらうか、知ってもらうか。福島と向き合う江頭さんも、徳島ラーメンを食す江頭さんも、それはそれで見せていきたい「B面の江頭さん」＝江頭さんの人柄や素の面白さ＝であり、尺の長さで言えばそちらがメインです。でも、本来の江頭さんや僕らがやりたいこと、江頭さんのコアなファンやあたおかに喜んでもらえるような「A面の江頭さん」も入れ込む。どちらもガッカリさせず、どちらにも満足してもらう。それも「下品の流儀」なのかもしれません。

3　コア層だけに刺さるコンテンツは終わる

江頭2：50のユーチューブなのだから、とことん下品でいいのでは。そう考える人もいるでしょう。でも、それでは「エガちゃんねる」が終わってしまう、ということを僕は過去の経験で学びました。

「エガちゃんねる」を始める以前、インターネット番組「がんばれ！エガちゃんピン」（BeeTV）という番組を江頭さんと作っていました。江頭さんにしかできない「新記録」を目指して過酷で下品なロケを敢行する、というコンセプトの番組で、僕も若くて尖《とが》っていたこともあり「お笑いこそ正義だ！」という信念（若気の至り）のもと制作していました。そんな「江頭純度１００％」の番組は、江頭さんや僕らも作っていて楽しく、コアファンからは絶賛してもらえていました。しかし、結果的に番組は終わってしまいます。過激で下品なだけでは、マス層には観てもらえず、広く認知はされませんでした。すごい狭い世界で盛り上がっているだけだったんです。

「番組が終わる」というのは、今まで毎週ロケをしていたメンバーと会う機会がなくなり、毎週会議をしていたメンバーとも会う機会がなくなる。そのメンバーの収入もその分なくなる。そして、その番組を楽しみにしていてくれた視聴者も、その番組を観ることができなくなる。「番組が終わる」というのはとても残酷で悲しく、厳しい現実です。なので、「エガちゃんねる」を始める時の大きな指針として、「終わらない番組を作ろう」というのが僕の中にありました。「エガちゃんねる」の多くの動画でハートフルと下品な中身を同居させていること、「羊の皮を被った下品」でいるのはこの理由からです。

「コア層にだけ刺さるコンテンツ」として同様の失敗は「エガちゃんねる」でもあります。江頭さんとブリーフ団による「【コント】江頭家の人々」[1]です。「江頭さんのコント」という新しい一面を開拓するべく企画した「江頭家の人々」。その内容について僕らは手応えがあり、「人気シリーズになるかも」とまで考えていました。

実際に動画を公開してみると、コアなファンにはしっかり刺さっていて、コメント欄もとても好意的な内容ばかり。でも、コメント欄の熱とは裏腹に再生数は全然伸びませんでした。多くの視聴者が江頭さんに求めているのはリアルであって、コントをする江頭さんではなかったのかもしれません。コメント欄では続編を望む声がたくさんありましたが、

1

「あ、このままでは『エガちゃんピン』と同じ轍《てつ》を踏んでしまう」と、残念ではありますがシリーズ化はあきらめることにしました。

じつは、この「作っている人たちは手応え十分なのに当たらない」「コアな層には刺さるけど一般ウケしない」というものは、「エガちゃんねる」に限らず、世のコンテンツで陥りやすいワナかもしれません。コアなファンを喜ばせることは最重要課題だけれども、そこだけを見過ぎず、ライト層や新規層にも受け入れられやすいものを目指さないと、瞬発的な人気は出たとしても長続きはしない。「エガちゃんねる」を終わらせないために。

日本人なら誰でも知っている大人気ミュージシャンが、「自分たちがやりたい音楽」と「売れる音楽」は別で、両方バランスを見ながら作っている、とラジオで話しているのを聞いたことがあります。自分たちがやりたいこと、コアなファンに喜んでもらえることをやるのは大事だけれども、そこだけを見すぎず、幅広く受け入れてもらえるものも作っていく。それはいろんなジャンルで言えることかもしれませんね。

おまけ　「江頭家の人々」のその後

公開から4年経った今でも100万回再生に届かない「江頭家の人々」ですが、続編をやるチャンスがついにやってきました。復活の舞台は「エガフェス2024」の前夜祭。前夜祭とはいえ、1万人の観客を前にした「生コント」です。

「エガフェス」の前夜祭に来てくれるのは、〝重度のあたおか〟のみなさん。マスにはウケない内容でも、過激で下品な「エガちゃんねる」を愛してくださっている重度のあたおかのみなさんなら、純粋に楽しんでもらえるはずと僕たちは考えました。

前夜祭当日、テーマ曲とともに「江頭家の人々2」の文字が会場スクリーンに映った瞬間に客席からは歓声と拍手が。このコントを忘れられていたら……という不安もあったのでホッとしました。その後、下半身丸出しで大暴走する江頭さんに会場は笑いに包まれ、「江頭家の人々」のその後のストーリーをみなさんに無事に(?)お届けすることができました。けどやっぱりこれは、マスにはウケませんね。

というわけで「江頭家の人々3」があるかどうかは……まだわかりません。

4 「品のある下品」の師匠 さまぁ〜ずさん、ユースケ・サンタマリアさん

「エガちゃんねる」はこう見えて「品のある下品」を目指しているんです。とはいえ、「品のある下品」って何かと言われると、言語化が難しくハッキリとは言えないのですが。

僕の場合、その「品のある下品」の師匠として勝手に崇《あが》めているのが、「さまぁ〜ず×さまぁ〜ず」（テレビ朝日）などで長くご一緒したさまぁ〜ずの大竹一樹さんと三村マサカズさん、そして、『「ぷっ」すま』（テレビ朝日）でご一緒したユースケ・サンタマリアさん。このお三方ってズルくないですか？　いつも下ネタ全開でスケベなおじさんなのに、なぜか全然下品に見えない。むしろ、ちょっとかわいい、とまで感じてしまうんですよね。

そんな「品のある下品」の師匠、さまぁ〜ずさんには本当にお世話になってまして、収録後には毎回打ち上げにも連れて行っていただきました。お酒を飲みながらの反省会なの

ですが、そこで下ネタの話になり、僕が一歩行きすぎた発言をすると、大竹さん、三村さんが「藤野、それは言いすぎ! 引いちゃうよ」と諫《いさ》めてくれる。「品がない!」とツッコまれることもありました。その師匠方のおかげで、20代はしょうもない下品だった僕もいろんな線引きを学びまして……。「エガちゃんねる」でも下品の中にどこかかわいげがある、「品のある下品」を心がけてはいます。

が、そんな僕の思いとは裏腹に、真正面から下品で突っ込んでいくのが江頭2:50。カバーしきれない時も多々あります(笑)。

5　お笑いがコンプラに勝った日

刺激的な出会いが多い「エガちゃんねる」ですが、「まさかあの企業から声がかかるの!?」という出来事がまれに起こります。世界じゅうから愛される某社から依頼を受けた時の動画がまさにそれです。

江頭2：50とエンタメ業界のトップに君臨する会社。同じコンテンツ業界にいながら、まさに対極の存在と言っていいはず。過去に交流などはもちろんなく、勝手に「当然、出禁のはず」とすら考えていた某社側からアポイントメントを頂いた時は本当に驚きました。

ちなみにその会社の社員の中にあたおかが紛れていまして、広告代理店を通さずその方から直接、今回のお話を頂きました。

その依頼内容は、某社初のR指定映画の宣伝隊長を、〝歩くR指定〟こと江頭2：50にお願いしたい、というもの。その活動の中には、主演の2人に江頭さんがインタビューをする、という内容も含まれていました。公開動画の中でも余すことなく紹介していますが、江頭2：50に宣伝隊長をお願いしたいという依頼であっても、当然ながら禁止事項はいくつもありました。そこをどうにかして突破できないか、何度も何度も某社のあたおか社員さんと話し合いをしました。なんとか話がまとまっても、本番直前に予定していたことがNGになることも……。

主演俳優とのインタビューは、高級ホテルにて特別厳戒体制で行われたのですが、我々がそのインタビュー会場に到着すると、我々の変な殺気というか、ほかのメディアとの空気の違いを勘づかれたのか、インタビュー直前には「ブリーフ団の入室NG」「主演俳優には触れてはいけない」「主演俳優を椅子から立たせたり、何か指示をしてはいけない」とか、さらには江頭さんの代名詞である「ドーンは絶対に禁止」などの警告が我々に言い渡されました。

ある意味八方ふさがりな状況となり、このままでは「エガちゃんねる」らしさの出ない、普通のインタビューになってしまうのではないか、という危機感がありましたが、いざインタビューが始まると、江頭さんは謎のコミュ力を発揮。主演俳優の手を引っ張って椅子から立たせ、自身のギャグ「取って・入れて・出す」を一緒にやることにも成功しました。

ちなみにそのインタビューでは、カメラや記録メディア（SDカード）はすべて某社のもので、収録した記録メディアはロケ後に渡されるという予定でした。そしてインタビュー終了後、ほかのインタビューチームはすぐにそれを渡されて帰っていくのですが、我々のものだけは何度もチェックが繰り返され、なかなか渡してもらえない。ほかのチームがすべて帰り、我々だけがポツンと取り残されました。通告されていたNG事項を連発したため、ひょっとしてSDカードをもらえないのか……これはお蔵入りになってしまうのか……と緊張感が走りましたが、数時間かかった〝検閲〟をなんとかクリア！　主演俳優さんがサービス精神旺盛なやさしい人柄だったこともあって、怒っていなかった、楽しんでいた、ということでなんとか見逃してもらえることになったようです。

世界じゅうにファンがいるからこそ、コンプラには特に厳しいと言われるその会社。ロケが（怒られたりしながら）終わっても、今度は素材を編集した動画のチェックがありまして、その動画の中には「禁止」と言われていたことも入っています。ただ、僕たちとしては面白いからなんとか見逃してほしい。そんな願いを秘めながら、最終的に仕上がった「エガちゃんねる」の動画を、公開前の事前チェックで某社の責任者に出したところ、社内の裏側も取材の裏側も見せすぎていて本来であればコンプライアンス的に絶対アウトですが……動画が面白すぎるので特例でOKにします、という主旨の連絡を頂きました。

このフィードバックをもらった時は嬉しかったですね。世界一厳しいと言われている某社のコンプラにお笑いが勝った、と感慨深かったですし、某社の懐の深さにもあらためて感服です。

そして、肝心の映画の全世界累計興行収入は、絶好調でした。「エガちゃんねる」がその一助になっていたのだとしたら、それもまた嬉しいことです。

この動画が無事に日の目を見た理由として、代理店と呼ばれるいわゆる中間業社がおらず、某社と直接やりとりができたことも大きな要因でした。

世界的な企業である某社ですから、当然、取引関係の代理店は何社もあります。でも、そのあたおか社員はその「当たり前」を選択せず、直接我々に連絡を入れてくれました。僕は、どうして代理店を挟まなかったのか聞いてみました。すると、あたおかとして「エガちゃんねる」らしくないことはしてほしくなかったけれど、代理店が入るとうまくまとまらないと思ったから、という意味の回答が返ってきました。

通常、代理店があいだに入ると、「こんなことをやりたい」と提案しても、クライアントに配慮しすぎて、「それはきっと無理ですね」と、実際に確認も取らず否定されたり、確認を取っても、あいだに人が入ることによって意図やロジックがうまく伝わらずにNGになることもしばしば。でも、直接やりとりさせてもらえれば、無茶なアイデアに見えても、「こんな見せ方にすればちゃんと笑いになります」と、ロジックとして説明することができる。実際、今回の企画ではそのあたおか社員さんと何度も何度も会議を重ね、密に話し込めたからこそ、お互いの考え方や立場を理解でき、我々の無茶なアイデアでも、できる方法を考えていくというスタンスで前向きに受け取ってもらえ、面白いアイデアを成立させるための判断までしてくれることもありました。

そんな某社あたおか社員さんの情熱と覚悟があって、「お笑いがコンプラに勝った日」は生まれました。

6 緊急事態からの突破口

代理店を挟まないことでエンタメ業界にとって歴史的なコラボが実現した、前項で書いた某社との動画。打ち合わせが進んでいき全体の概要が決まりかけた時、企画自体の成否を分けかねない、とある問題が撮影直前になって判明しました。

江頭さんが以前、インターネットテレビの映画を批評するコーナーで、2018年に公開された同じシリーズの映画のことを酷評していたのです。なんと「0点」を付けていました(笑)。それを僕やブリーフ団は把握していなかったのですが、その映像は今でもユーチューブ上に残っており、某社の人がそれを見つけ……。担当あたおか社員さんからその事実を知らされた時は青ざめました。

某社としては、過去に「0点」を付けて酷評した人にシリーズの宣伝隊長をオファーするのは、さすがに無理があるでしょう。

僕やブリーフ団も知らなかったとはいえ、これには弁解の余地はありません。某社もさぞお怒りだろうなと思い、「今回の企画は中止でもかまいません。ご判断はお任せします」と伝えました。するとそのあたおか社員さんからは、それでも「エガちゃんねる」さんとコラボがしたいので、会社を説得するための解決策を一緒に考えてもらえないかという主旨の返答を頂きました。完全に「頭がおかしい」です(笑)。そして、この情熱に応えないのは我々としても男がすたります。逆に火がついてきました。

とはいっても、このまま進めても、芸人・江頭2：50としてはこの仕事を受けられないはず。そして江頭さんの昔からのファンからしても、同じシリーズの映画を酷評していたことは周知の事実のはずですから、「低評価していたのに宣伝隊長をやるなんて筋が通らない」とガッカリされることはあきらかです。

幸いだったのは、江頭さんは映画の内容そのものよりも、主人公が言うギャグがスベっている、という点で低評価にしていたこと。江頭さんの芸人魂が思わずうずいてしまったのかもしれませんね。

そこで見つけた突破口は、江頭さんが「スベっている」と酷評する主人公には、江頭さんと共通点がたくさんある、というところ。「どちらもR指定」「どんな大物にも忖度しない」「ルールを破る」「女性に一途」……などなど。
スベっているという主人公との共通点を次々と江頭さんに提示し、「江頭2：50＝主人公」という構図を作り上げて、江頭さんを追い込んでいく。
そしていざ本番では「江頭2：50と主役は同じ」という構図を笑いとともに作り上げることができて、江頭さんが宣伝隊長に就任することになりました。

もともとは、「某社に行った江頭さんが宣伝隊長を依頼されて主演俳優にインタビューに行く」というシンプルな構図の動画でしたが、気づいてみればもともとよりも奥行きが出て面白い動画になったと思っています。

一度はあきらめかけた大きな壁でも、突破口はある。そしてそれを突破した時、より良いものができる。とあらためて気づけた動画となりました。

7 「案件動画」だからこそ最低100万回再生を取る流儀

ユーチューブの大きな収益源と言えば、動画再生数に応じて発生する「広告料」が1つ。ただ、「エガちゃんねる」は初回動画で「お尻習字」を披露して、いきなり広告審査落ちで収益が発生しない苦難の船出。その後、今でも攻めた動画を出すたびに広告審査に落ち、せっかくの再生数や「いいね」の数で高評価を受けて充実感はあるものの、お金は一切入らない！なんてことは日常茶飯事です。広告料が入らないというのはチャンネルを運営していくうえでは厳しいものがありまして、そんな綱渡りの日々で助けになるのは、ユーチューブでのもう1つの大きな収益源である「案件動画」。企業や商品・サービスの宣伝のため、プロモーション料金を頂いて制作する動画です。

世間的には「なんだ、宣伝かよ」と嫌われがちな案件動画ですが、「エガちゃんねる」では「広告審査に落ちても収益が出るのだから、もっと過激にできるぞ！」と、案件動画だからこそ攻めた企画をやってきていました。

ただ、「エガちゃんねる」の運営も年数を重ね、案件動画との向き合い方も少し変わってきました……。昔は「案件だからこそ過激に」が一番にあり、最悪再生数は伸びなくても、お金が入るんだから大丈夫、という考えでいました。しかし続けていく中で、プロとしてお金をもらっている以上、本当にそれでいいのか？という疑問が湧いてきました。

クライアントは我々にお金を払っているわけで、クライアントに対してその金額に見合う結果を残してこそプロではないのか。

そこで僕たちの中では、案件動画を受ける時は「案件だからこそ過激に」という思いは持ちつつも「最低１００万回再生」を取る、という考えになりました。

１００万回再生されることでその商品を広く視聴者に認識してもらえる。そしてその先の結果として、「その商品が爆発的に売れました！」という報告を受けると、我々もプロとして結果を残せて嬉しく思えます。案件で過激なことをやらせてもらうからこそ、再生数は最低１００万回は超える。それも「下品の流儀」として動画を作っています。

8 芸人・江頭2:50に前貼りはさせられない！

「エガちゃんねるらしさ」を失うのであれば案件は受けない、という指針。ただ、窓口の現場担当者は江頭さんで面白おかしくやりたいけれど、会社を説得できない……というせめぎ合いが起こることとも。たとえば、とあるイベント会場で江頭さんが登場する企画で、「ち〇こがうっかり出るとマズいので、念のため前貼りをしてもらえないか」という相談がありました。

これはですね……まず江頭さんに「ち〇こを出さないで」とお願いしたところで、出ちゃうんですよね。だからといって、今までテレビでも全裸になってアイドルを追いかけ、トルコでは全裸になって逮捕され、新宿のタワレコでも全裸になって逮捕された江頭さんに、今さら前貼りを貼ってもらうことはもっと難しい。それだけは芸人・江頭2：50の矜持《きょうじ》として受け入れられません。そしてもし、前貼りをしている江頭さんをあたおかが見てしまったら、みなさんガッカリされるでしょう（登場人物、全員頭がおかしい……）。

担当者もそのことは理解してくれているので、「もう一度会社に掛け合います！」とタンカを切ってくれたものの、「藤野さん、江頭さんのち〇こを出すの、やっぱり説得できません……」と返ってきたことがありました。そこで担当者と相談して唯一見つかった突破口が、実際には前貼りはしないのですが、僕が担当者に「江頭に前貼りをさせます」と証拠が残るようにメールをする、でした。そうすることにより、万が一の場合は企業に迷惑をかけることなく、担当者も会社で左遷されることもなく、悪いのは約束を破った江頭さんと僕。「何かあれば、僕と江頭さんだけが捕まればいい」という状況が作れます。通称、「悪魔の契約」です（笑）。

ぶっちゃけ、江頭さんと一緒に「エガちゃんねる」を立ち上げた時から、人様に迷惑をかけなければ捕まっても仕方ない、という覚悟でいます。その覚悟のうえで「前貼りだけは貼らない」という、はたから見ればどうでもいいような「下品の流儀」を貫かせてもらっています。

9　評価されるのは結果を残した者だけ

「エガちゃんねる」は2023年、その年公開した全動画で100万回再生以上、という結果を残すことができました。案件動画の項目⑺でも「最低100万回再生を目指す」と書いたので、「再生回数の話ばっかりだな」と思われるかもしれません。でも、内容的な満足を目指すだけではなく、数字的な結果を見ることも、プロとして、そして「エガちゃんねる」がより面白いコンテンツであるためにも不可欠だと考えています。

僕の好きなサッカーを例に出すと、「日本代表が目指す戦術は、ボールをつなぐ〝ポゼッションサッカー〟がいいのか、まずは守りを重視する〝カウンターサッカー〟がいいのか」論争に似ています。「勝つためにはカウンターサッカーを磨くべき」と意見する人がいる一方で、それをすると「つまらないサッカーをしやがって」と批判する人もいて、逆にポゼッションサッカーをすれば、「それじゃ勝てない」という人もいて……議論が尽きない。

この件で、元日本代表の本田圭佑さんは「どっちがいいかなんて答えが出ない話。結局、評価されるのは結果を残した者だけ」と語っていて、なるほどな、と膝を打ったことがあります。

本田さんの話を「エガちゃんねる」に当てはめれば、下品なことばかりやっていても「汚い」「時代に合っていない」と言われるし、攻めたことをしなければ「刺激が足りない」「こんなのエガちゃんじゃない」と言われてしまう。これはない物ねだりで、どちらがいいかの議論をしたところで終わることがない。まずは結果を残さないと何をやっても評価されない、という厳しい現実があります。

だからこそ、まずはわかりやすい結果＝再生回数を意識しよう、というスタンスになりました。「再生回数が多い＝多くの人が観たいもの」というところは間違いありません。

そもそも再生回数が下がると、広告収益が下がり、案件も少なくなる。それにより動画にかけられる予算も減り、動画のクオリティも下がっていき、さらに再生回数が下がる……という負のループに陥っていく。そういった面でも結果を出し続けなくてはならない。

そんなスタンスになってからは、コメント欄や僕のＳＮＳ宛に「ぬるい！」といった感想をもらっても、最近はさほど気にならなくなりました。まずは結果を見てください、と。

それだけ観たい人がいるんです。そして結果が出なければ、このチャンネルは終わってしまうわけですから。

体を張れば「エガちゃんがかわいそう」と刺され、罰ゲーム的な〝見せ場〟がテレビ業界でなくなってしまった今、江頭さんが江頭さんらしく振る舞えるのは「エガちゃんねる」だけ。この舞台で好き勝手できるのも、「エガフェス」のような大きなチャレンジができるのも、これまで数字という結果を残してきたから、という点は大きいはず。これからもやりたいことをやり続けるために、まずは結果を残さなければならない、と強く考えています。

10
台本は緻密に。それを超えてくるのが江頭2:50

ほかのチャンネル制作者や、コラボ企画でお会いするゲストのみなさんに、「エガちゃんねる」の制作スタイルで驚かれることがあります。動画撮影のたびに毎回、10ページ近くに及ぶ台本を用意していることです。たしかに、ほかのユーチューバーと共演する際に先方から台本を渡された経験はなく、僕らならではのこだわりなのかもしれません。

「台本」と書くと、「エガちゃんのリアクションは予定調和だったの⁉」「予想もできない展開が好きだったのに、仕込みだったの?」と誤解されそうなので先にお断りしておくと、江頭さんは台本のことはまったく知りません。あくまでも、制作を担う僕ら裏方スタッフと、江頭さんをサポートするブリーフ団がいろんな展開を想定しておくための台本です。

テレビディレクター時代、いつも台本を作って収録に臨んでいたので、これは僕らにとっては当たり前のことなんです。僕やブリーフ団で舞台をしっかり作って、そこで江頭さんに思いっきり暴れてもらう。

芸能人ユーチューバーで有名なところで分類すると、中田敦彦さんやカジサックさんのように、自分で何をやるかまで決めて演者もこなす「プロデューサー型」と、江頭さんや宮迫博之さんのように用意された場に身を投じて暴れまくる「プレーヤー型」に分けることができます。後者の「プレーヤー型」の場合、ブレーキを踏まず思う存分暴れるためのステージをしっかり作ることが重要で、それが僕ら裏方の仕事であり、そのために必要なのが台本です。

台本を作るうえで意識しているのは、「企画は大胆に、詰めは繊細に」。どんな展開でも対応できるように想定&準備をしておく。といっても、その想定を毎度軽々と超えてしまうのが江頭2：50なんですが……。その「台本では思いつかなかったハプニング」こそが面白いし、視聴者に喜んでもらえる内容になります。

こうした昔ながらの準備を「オールドメディアのテレビらしい無駄な作業」と考える人がいるかもしれません。それこそ、「ユーチューブは自然体がいい」とよく言われますし。でも、僕はテレビスタイルの緻密《ちみつ》に作り上げていくモノ作りを大切にしたい。「めちゃ×2イケてるッ！」（フジテレビ）をはじめ、一時代を築いたバラエティは台本が厚かったと、よくネタにもされています。

でも、それくらい徹底的に作り込み、想定し、準備するからこそ、質の高いコンテンツが生まれると信じています。演出に命をかけていた往年のテレビマンは、みなさんそうやって伝説の番組を世に放ってきました。

さて、僕ら裏方が台本作りをしているあいだ、演者である江頭さんは何をしているのか。一点集中型の人なので、本番で爆発するため、いつまでも3点倒立ができるようにするため、トレーニングとして週3日ほどジムに通っています。そして集中力を高めメンタルを整えるために、多い時は週3日、大人のお店に通っているそうです（年齢を重ねても全然落ちない欲求……ある意味尊敬に値します）。

じつは江頭さん、30年以上に及ぶ長い芸能生活で、こんなにも忙しい日々は「エガちゃんねる」が始まるまではなかったそうです。準レギュラーと言えた「めちゃイケ」や「とんねるずのみなさんのおかげでした」（フジテレビ）、『「ぷっ」すま』に出演する場合も、1クールに1回か半年に1回。営業の仕事が入っても多くて週に2回くらいです。先日、3日連続でロケが入った時は、「俺、こんなに働いたのは初めてだよ」と呟いていました。週5

で働くのが当たり前の社会人からすると、「週3稼働で大変だ、なんてふざけんじゃねぇ！」と怒られそうですよね。でもそれくらい、1回1回の撮影に爆発的な力を発揮するためには、適切に休んで体だけでなくメンタルも万全にしておく必要があるようです。

なので我々としては、江頭さんの大人のお店通いも、メンタルコントロールの一種……と好意的に捉えるようにしています。ただ、ロケ前に大人のお店に行ってグッタリしていた時は、「さすがに自制してください！」とツッこんでしまいましたが。

あとこれは僕の予想ですが、たまにロケ後に大人のお店の予約を入れている時がどうやらあるっぽいんですよね。ロケの打ち上げ的な感覚なんでしょうか。そんな時の江頭さんは、わかりやすくロケ終わりの時間を気にしたり、ソワソワしたりしてます（笑）。そこはまだ見て見ぬフリをしていますが、ロケに支障が出始めたら言ってやろうと思います。

11

「共演NG」「事務所NG」をどうくぐり抜けるか

テレビ時代に起きたわだかまり、溝《みぞ》をユーチューブで回収することがあります。その1つが、テレビでは共演NGだったタレントさんとの邂逅《かいこう》。これまでにも、江頭さんと同じ佐賀県出身のはなわさんとは共演NGでしたが、「エガちゃんねる」で雪溶け（「お前ふざけんな！ぶっ潰してやんよ！」の回[1]）。そもそも先輩芸人としての小さなプライドから、「佐賀県」の曲でイジられたことにちょっとした嫉妬心を抱いていた江頭さんの器の小ささが問題だっただけなのですが。その後は「エガフェス2024」にもご出演いただき、「佐賀県」の曲を一緒に歌うことができました。

そしてほかにも、共演NGのよくあるパターンは、芸人・江頭2：50の〝本気〟が女性タレントに恐怖心を与えてしまうこと。モデル・女優のトリンドル玲奈さん（「共演NGを出してるトリンドルに江頭をプレゼントしてみた。」の回[2]）や、モーニング娘。時代から21年間も共演NGだった辻希美さん（「【恐怖】21年間共演NGの辻ちゃんを天井に張り付いて待ち伏せした」の回[3]）は、どちらも「エガちゃんねる」をきっかけに「NG解禁」となり、ネットニュースでは「歴史的和解」と報じられました。

台本を作りあげて撮影本番に臨むのが「エガちゃんねる」の定番スタイルだと書きました（項目10）。でも、芸能人をゲストに迎える場合、あえて台本には細かく書かないことも。タレントさんご本人は問題なしでも、事務所がタレントさんに忖度《そんたく》して「それは無理です」と言ってくることが多いからです。

たとえば、辻希美さんとの共演解禁動画。江頭さんと、辻さん・杉浦太陽さん夫妻と、いくつかのゲームで勝負をしたのですが、その1つが「鼻の穴に何枚コインを入れられるか」対決。辻さんが10代だった頃に「特技」としていたのがこの鼻コインなのですが、今やママタレントとして大人な発言をすることも増えた30代の辻さんに「鼻に何枚コインが入るか対決をやりたいです」と言ったところで、事務所NGになる可能性が高い。

こういう場合、台本を2つ作ります。1つは、鼻コインを想定してスタッフはどう動くか、江頭さんはどんなリアクションをしそうかまで細かく書いた「エガちゃんねる」スタッフ用台本。そして、先方の事務所に渡すもう1つの台本には、「簡単なミニゲーム対決をいくつかお願いします」とだけ書いておく。そもそも、メイン企画は共演NGの辻さんと江頭さんがどう対面を果たすか、というドッキリ部分なので、先方の事務所としてはその対面で辻さんに問題が起きないかを中心にチェックします。なので、対面を果たしたあとのミニゲームは、細かく記載がなくてもスルーしてもらえる場合があり、今回はその「目くらまし作戦」が成功して本番へ。

さて、無事に対面を果たし、雪溶けを果たし、周囲にホッとする空気が流れても、僕の緊張はまだ続きます。いよいよ辻さんご本人に「鼻コイン対決」をぶっつけ提案。ここで「嫌です」と言われたらもちろんあきらめますが、辻さんは「はい、いいですよ」と快諾。ノリノリで一生懸命に鼻にコインを詰める4人のママ・辻希美、というなかなかの衝撃映像を撮ることができました。

時には、あえて情報を開示しない。これも「下品の流儀」の1つでしょうか。

12 出た人は得をしなければならない 絶対に損はさせない流儀

元アイドルである辻希美さんの鼻の穴がコインで埋まるなど、ゲストにもさまざまなチャレンジをしていただくことが多い「エガちゃんねる」。こういったゲスト回で大事にしているのは、仮に無茶なお願いをしたとしても、ゲストを絶対に〝雑にいじらない〟こと。「出た人が損をしてはいけない。絶対に得をして帰ってもらう」。この点は撮影現場でも編集をするうえでもかなり意識していることです。「『エガちゃんねる』に出て良かった」と思ってもらえるように。

これは、『ぷっ』すま」で演出を担当していた先輩ディレクター・飯山直樹さんから学んだイズム、と言えます。毎回、さまざまなゲストが登場する番組において、「出た人が損をしないこと」がテレビマンとしての1つの流儀である、と。

ゲストに限らず、案件で扱った商品やサービスでも同様です。「エガちゃんねる」で扱った商品はしっかり売れてほしい。たとえば、大食い企画でもつ鍋を紹介（【大食い】男4人がかりで大食い界イチの美女、ますぶちさちよをぶっ潰す！）[1]したところ、動画公開後3日で1万食が完売。「もっと商品を作っておけばよかったです」という嬉しい報告を頂くことができました。

ちなみに、そのメーカーさんから「ぜひまたお願いします」と次の案件動画のご依頼を頂いたのですが、「その時は工場を追加して大量生産体制を整えてから」と、わざわざ工場を増やすと聞いて身が引き締まる思い。結果的にはその第2弾動画（【焼肉大食い】男４人がかりで令和最強の新女王をぶっ潰す！）[2]をきっかけに、工場を増やしてもまた商品が完売したそうです。

僕らだけの力ではないのは重々わかっていますが、こういう嬉しい報告は何度聞いても達成感があって励みになります。

1

2

13 人気企画はどのメディアでも共通するところがある

4年間で積み重ねてきた動画は約600本。作り続けて見えてきたのは、視聴者が求める傾向はテレビと似ている、ということです。参考までに、これまでの「エガちゃんねる」で人気だった動画ベスト3を挙げます（※2024年12月時点）。

① 「江頭56歳、初めての二郎系ラーメン」[1]＝1315万回再生
② 「【緊急リベンジ】江頭、初めてのマクドナルド2」[2]＝1253万回再生
③ 「【大食い】男4人がかりで女王もえあずをぶっ潰す！」[3]＝1114万回再生

この3本も含め、超大台と言える1000万回再生を超えた7本はすべて食べ物・グルメ企画。1000万に届かずとも、ほかのグルメ企画もどれも人気で、食べ物系の企画をやってみるまではまったく想定していなかった意外な結果でした。これはテレビやユーチ

1　2　3

ユーブに限った話ではないかもしれません。みんな食べ物が好きなんですね。
そんな食べ物系の動画の影響か、スリムだった江頭さんのお腹が最近、ちょっぴりぽっこりしてきました。よくよく考えると、あの年齢であの体型を保っているだけですごいのですが、江頭さんらしくないと言えば、それもある。僕たちはこれを「ぽこしら」と呼んで笑っていますが、笑える範囲でとどまってほしいですね。

そして大食いや激辛チャレンジ、初めての〇〇シリーズと並んでシリーズ化しているのが「【地獄の食事会】マナーの鬼vsマナーゼロの江頭」[4]。「鬼のマナー講師」としてさまざまなメディアで活躍中の平林《ひらばやし》都《みやこ》先生と、マナーとは無縁の江頭さんによるガチンコ対決の構図は、2人の相性の良さも相まって好評を頂いております。回を重ねていくうちに規模が大きくなることもあり、「ドライブデート編」[5]やハワイロケ「ハワイから皆様へ」[6]もやりました。平林先生には「エガフェス2024」前夜祭の大トリとして歌まで披露していただき、「鬼のマナー講師と台湾デートしました」[7]ではついに混浴も……と勢いは止まりません。

ちなみに「マナー対決」をやろうとした当初、こんな展開になることは予想していませ

4 5 6 7

んでした。というのも、企画の出発点では「江頭vsマナー講師」ではなく、「江頭を操るマナー講師vsマナー講師」という構図。マナー講師を2人招いて、1人には別室からイヤホンマイクで江頭さんを操ってもらう。その〝操り江頭さん〟の遠隔マナーと有名マナー講師、どちらのマナーが上か、という対決構図を想定していました。

でも、一歩引いた目線でこの対決構図を見ると、少し企画が複雑。そして「マナー講師vsマナー講師」だと江頭さんをいまいち活かせていない。マナーがなってない江頭さんをもっと立たせたほうがいいのではないか。そこでいったん全部忘れて、もっとシンプルにしてみよう、と。撮影日ギリギリになって「マナーの鬼vsマナーゼロの江頭」のタイトルと今の構図に行き着きました。結果的にこの路線変更とタイトル変更が正解だったと思っています。

こうして見ると、1000万回再生されている動画はどれもシンプルな企画。ついついあれやこれやと詰め込みたくなりますが、そこをグッとこらえてシンプルにするのも大事ですね。

14 できない、ではなくできる方法を考えよう

テレビではできないことが増え、自由を求めてやってきたユーチューブの世界。ただ、仕事として世間と向き合ううえでは、どの世界においても「できません」「無理です」といった言葉とぶつかる場面はやっぱり増えていきます。

もちろん、本当にできないこと、予算や時間的に難しいことがあるのは重々承知のうえで、ですが、「慣例だから」「きっと無理だから」というだけであきらめている場合も多いようにも感じています。

ファミリーマートさんとのコラボで「エガちゃんねるポテトチップス」を販売した動画「とうとう、あのコンビニに呼び出されました」でのこと。江頭さんとブリーフ団とで何度も試食を重ねて完成した「旨辛担々麺風味」と「黒胡椒チーズ味」という2つの味は、おかげさまで全国各地のお店で完売続出。ファミリーマートさんからは「1ヶ月で売り切れ

れば大成功」と言われていたところ、江頭さんが「1週間だ！」とタンカを切り、結果的にはわずか数日で完売。我々のもとには消費者やあたおかのみなさんから、「どこに行っても買えないから再販してほしい！」「転売ヤーが高額で転売してるからなんとかしてほしい！」といった報告、相談が数多く届いていました。転売対策のためにもすぐに再販してほしいところではありますが、コンビニ商品というのは、工場の生産ラインの確保や、商品パッケージの生産ラインが数ヶ月先まで埋まっていて、それを確保することはとても大変なことだそうで……どんなに売れても再販はできない、と企画の最初の段階から言われていました。

しかし、あまりにも早い完売を受けて、ファミリーマートさんから「数ヶ月後にはなりますが、工場を調整すればなんとか再販できるかもしれない！」という情報が入ってきました。数ヶ月後の再販だとしても、この情報はすぐに視聴者に伝えたい。購入できなかった視聴者には嬉しいニュースだし、転売ヤー対策にもなるはずです。その情報を動画で出していいか代理店に確認しました。

ところが、ここであいだに入っていた代理店から「待った」が出てしまいます。「藤野さん、もし再販ができなかったら消費者を混乱させてしまうので、『販売するかもしれません』という仮定の発表はファミリーマートとしてはできません。なので、その動画はなしでお願いします」と。

たしかに、その言い分はわからなくもありません。僕も大企業が「発売するかもしれませんよー！」なんていう「かもしれない発表」は聞いたこともありません。消費者のことを考えての判断でしょう。わかります。

でも、「再販に向けてファミリーマートさんが動いています」は事実だし、万が一できなかったらその時には「頑張ったけどダメでした。ごめんなさい」と、リアルな状況を伝えればいいのではないか。また、大企業のファミリーマートさんから「かもしれない発表」ができないのはわかるので、発信する役目は「エガちゃんねる」が担えばいい。そしてそれは、転売ヤー対策にはもっとも有効なはず。ということを、ロジックを立ててあらためてファミリーマートさんにお願いしてみることにしました。

すると、さすが「エガちゃんねる」を起用した柔軟なファミマさん！「再販の時期はまだ言わない」、そしてあくまでも「未確定情報として」の条件で発表していい、という大企業としては異例の「かもしれない発表」のＯＫが出ました。自分から言っておきながらではありますが、僕としても大企業の「かもしれない発表」を聞くのは初めてなので、このファミマさんの器の大きい決定には興奮したのを覚えています。

すぐに江頭さんの家に突撃し、緊急動画「江頭さん、大変なことになりました」[2]を撮影しました。「各地で完売続出の御礼」と「まだ未確定ですが、うまくいけば再販があるかも。ファミリーマートさんが検討中なので、転売ヤーからは絶対に買わないでください」とアナウンスする動画をその日のうちに公開。買うことができずに落ち込んでいたあたおかのみなさんからは喜びの声を頂くことができ、転売対策につなげることもできました。

その後、実際に再販売が実施できたのはそれから3ヶ月ほどあとのこと。あとでチラッと聞いた話なんですが、生産ラインの確保が難しいのはポテトチップスの中身はもちろんとして、その時はパッケージの生産ラインの確保がもっと大変だったそうです。とにかく工場が全部埋まっていて空きがない。コンビニ商品を生産、そして再生産するというのはとても大変なことなんですね。そんなことを知ってから、コンビニに行くとちょっと感慨深いものがあります。

2

15 「芸人が権威を持ったら終わり」by江頭2:50

江頭さんのやりたいことを形にしていくのが「エガちゃんねる」の本懐。逆に言えば、江頭さんが乗り気でないとか自分にふさわしくないと思うならば、我々はもちろんやりません。「『エガちゃんねる』でおせちをプロデュースしてほしい」という依頼が来たときには、江頭さんは「ポテトチップスならプロデュースできても、おせちのプロデュースは自分にふさわしくない」と、お断りさせていただきました。

なぜふさわしくないか、といえば、おせちは1年でもっともハレの日とも言えるお正月を象徴する格式高いもの、というイメージがある。最近のおせち料理は値段も高く、高嶺の花に感じることもあるのはたしか。その格式高いものを自分がプロデュースするなんてとんでもない！という考えは、じつに江頭さんらしいと言えます。

昔から変わらない江頭さんの信念の1つとして、「芸人が権威を持ったら終わり」「権威を持った芸人は笑わせられる層が狭くなる」というものがあります。どぶねずみのように這いつくばりながら芸能界を生き抜き、大御所や人気者といった存在に噛みついてきた芸人・江頭2：50として、「自分自身が上の立場になってはいけない。自分はいつも一番底辺にいたい」という思いがあります。

この姿勢はおせちに限らず、高級ブランドは自分にふさわしくないけれどドンキならOKと、ドン・キホーテさんとのコラボTシャツ販売が実現した背景にもつながります。

そんなわけで、おせちプロデュースはお断りしたのですが、先方はそれでも「江頭さんと一緒に何かやりたい」と熱望されていて、その思いにも応えたい。何度も打ち合わせを重ねて導き出した答えが、高級おせちではなく、おせちの品々を居酒屋のおつまみ感覚で食べられるものにし、サイズも独り身でも楽しめる「ぼっちおせち」に。さらに「エガちゃんねるプロデュース」ではなく、江頭さんの好きな料理を1品だけ加えて、それを「エガちゃんねる」で紹介する、という形です。これならおせちそのもののプロデュースではないですし、「ぼっちおせち」という商品コンセプト自体はとても「エガちゃんねる」らしくなりました。

この「ぼっちおせち」を紹介するにあたっては、長年連れ添った奥様との別居を告白されたばかりで「ぼっち」となった玉袋筋太郎さんとの共演「【緊急凸】奥さんに逃げられたって聞きましたが・・・」[1]が実現。「浅草橋ヤング洋品店」（テレビ東京）など、一緒に芸能界の荒波を乗り越えてきた戦友でありながら、共演するのはなんと28年ぶり！　ぼっち同士で「ぼっちおせち」を肴《さかな》に芸人同士ならではの熱くエモい話を聞くことができ、この「ぼっちおせち」がきっかけで実現した「エガちゃんねる」ならではの企画となりました。

1

16

プロとして返せる対価は何か 佐賀バルーンフェスタでの結実

これまで600本近くの動画を作ってきましたが、時に「ユーチューブなのに、どうやってこんな大きなプロジェクトが実現できたの!?」「テレビの特番規模の金額がかかったはず」と言ってもらえることがあります。たとえば、江頭さんの故郷・佐賀県が誇るビッグイベントに参戦した動画「【佐賀バルーンフェスタ】江頭、35年越しの夢を叶えた日。」[1]。

正式名称「佐賀インターナショナルバルーンフェスタ」は、毎年10月下旬から11月上旬に佐賀市の河川敷で開催され、世界じゅうから約80万人もの熱気球ファンが集まる、アジア最大級の国際熱気球大会。江頭さんはこの大会に「いつかゲストで出たい。故郷に錦を飾りたい」という夢を持っていたそうですが、待てど暮らせどオファーは来ない。そこで、オファーが来ないならこっちから乗り込もう！ 選手として出よう！ と決めたのですが、計画実現に至るうえでは、サンガッチョさんというスニーカーメーカーの協賛がなければ

1

到底不可能なプロジェクトでした。

じつは、サンガッチョジャパンの代表・前田一輝さんは「エガちゃんねる」の大ファンという「あたおか社長」さんで、以前から「いつも元気をもらっている『エガちゃんねる』に何か（※金銭面で）協力させてほしい」というありがたいお話を頂いていました。しかも、「案件で商品を紹介してほしい」ということでもなく、ただただ、「とにかく協力したい」「見返りはいらないから力になりたい」「概要欄に社名だけでも載せてもらえば」とのこと。

正直、困りました。こちらがそのお金に対して返せることがないからです。「概要欄に社名を載せるだけでいい」と言われても、それではほとんど気づかれることもないでしょう。ただ何もせずにお金を頂くことはプロとして筋が通らない。ですので、その時は丁重にお断りさせていただき、何か然《しか》るべきタイミングがあれば声をかけさせてください、という形で終わりました。

そこからしばらくして、「佐賀バルーンフェスタに出場したい！」という話になった時、調べてみると、オリジナルバルーンを作るための費用、出場費用、さらに、みんなの飛行機代、宿泊費、現場で使うレンタカー2台分×4日、全員の毎日の食事代……と、正直言って気絶しそうな金額になることが見えました。これはちょっと現実的ではないかなと、そっと目を閉じてあきらめかけたとき、サンガッチョさんを思い出しました。バルーンにサンガッチョさんの名前を入れて空を飛べば、サンガッチョさんの宣伝にもなって喜んでもらえるのではないか。その協賛金という形であれば、「エガちゃんねる」としてもお受けできる……ということで連絡をしてみたところ快諾してくださり、サンガッチョさんの協賛で無事、バルーンフェスタ出場が叶いました。

そんなこんなで実現したバルーンフェスタですが、朝日をバックにゆっくりと佐賀平野から浮かんでいく色とりどりのバルーンの姿がとても平和に映って。こんな感情は初めてだったのですが、その平和な感じに泣きそうになりました。

大会があった時期には、ちょうどイスラエルでの戦争のニュースが報じられていました。だからなのか、空を飛ぶのが戦闘機やミサイルではなく、美しいバルーンであってほしい……。そんなことを考えていました。バルーンって平和の象徴なのかもしれないですね。

17 『エガちゃんねる』大炎上

こんな「エガちゃんねる」ですから、何度か炎上してしまったことがあります。1つは、朝型人間の江頭さんだからこその飲み企画「朝〝から〟ハシゴ酒～江頭、赤羽人情編～」[1]。朝まで飲んでいたノリのいい人たちとの絡みが面白いものになったと思ったものの、その中の、あるお姉様に「おっぱいちょっと揉《も》ませて」と何度もお願いする場面が問題シーンとなってしまいました。「カメラ前で『揉ませて』と言われたら断れない」「このチャンネルでは初めて途中で観るのをやめた」といったコメントが殺到し、一度動画を公開停止しました。

この件は、「あの動画また観たいです」というリクエストが多かったこともあり、かなり時間が経ってから再アップしたら、再びは炎上せず。今思えばプチ炎上くらいだったのかもしれません。

対して、あきらかな大炎上だったのが2023年6月の「マグロ祭り」です。

1

ことの発端は、「【江頭釣り部】江頭、伝説の巨大モンスターマグロを釣る！」[2]の動画で、江頭さんが52キロのモンスターキハダマグロを釣り上げたこと。本番に強い男の面目躍如《めんもくやくじょ》ですが、これを記念して、江頭さんが釣り上げたマグロそのものではないものの、築地で場所をお借りして、あたおかのみなさんにキハダマグロを無料で振る舞うことにしました。僕らとしても混雑することはある程度予想していたので、混乱を避けるために、先着１０００名限定。そして朝7時から東京・築地本願寺で整理券を配布することに。

事前のお願いで「近隣の迷惑になるため7時前には来ないでくださいね」とアナウンスして迎えた本番当日。僕らスタッフが6時15分に本願寺に到着したところ、もう３００人近くが築地本願寺の中に。「7時前には来ない」というルールがあるので、その人たちにはいったん築地本願寺から出てもらうことも考えましたが、そうすると逆に築地の人たちに迷惑がかかってしまう。そこからどんどん人は増えていき、6時45分頃には８００人くらいの人だかりになってしまいました。警備会社のトップの人から「これ以上集まると事故が起きてしまうからもう整理券を配ったほうがいいです」と言われ、最終的には僕の判断で、その時点で整理券を配る決定をしました。ルールを厳格に適用するなら、7時前に集

2

まった人には整理券を配らない、という方法もあったかもしれません。でも、その中には小さなお子さんもたくさんいて、「エガちゃんに会えるのが楽しみ～」といった声を聞いてしまうと、僕にその決断はできませんでした。

結果的に、事前のルールを守って朝7時に現地に到着した人たちのほとんどが整理券をもらえないという事態になり、お怒りの声があちこちから。SNSを見てみるとそれはもう目も当てられないほどの大炎上。イベント自体は10時スタートで、本番が始まる前の大炎上です。

江頭さんはこの時、整理券配布会場にはおらず、「マグロ祭り」の会場に。この状況を江頭さんに伝えると、気にしてしまってマグロ祭りに影響が出そうだったので、ブリーフ団と相談した結果、江頭さんには本番が終わるまでは伝えないことにしました。

そしてイベント終了直後に「江頭さん、じつはめちゃくちゃ炎上しています」と江頭さんに事態を報告。その後、すぐに事務所に戻って謝罪動画「〃エガちゃんねるマグロ祭り〃が終わって」[3]を撮影して緊急公開しました。僕が「エガちゃんねる」に映る場合は通常、マスクをかぶって「ブリーフ団D」として出るのですが、この時はマスクをせず、制作責任者の藤野義明として謝罪させていただきました。

3

謝罪動画では、なぜ混乱が起きてしまったのかの経緯と、どの部分で見通しが甘かったのかといった原因を説明。準備不足、想定不足、勉強不足に経験不足と、さまざまな点で不足だらけだったことを告白し、一度体制を整えるために動画を1週間休むことをお伝えしました。大炎上から即日の謝罪動画によって混乱の沈静化は比較的早くできたのかもしれません。

この「マグロ祭り」は、あたおかに喜んでもらいたいという気持ちだけで「無料」で開催し、番組としては会場のレンタル費、テントなどの設置代、警備代などで500万円くらいの出費でした。あたおかのためを思って500万円自腹で開催してみたら、あたおか激怒で大炎上。俺たちはいったい何をやってるんだ……と、あの時はちょっと泣きそうになりましたね（笑）。

その中で得た一番の教訓は「無料」と「先着順」は炎上の元、ということ。みなさまも何かイベントごとを開催する場合には、「無料」と「先着順」にはご注意を。

18 ドッキリの流儀「これって、なんでやるんだっけ？」

江頭さんの素の部分を観察するためにやるドッキリ企画。ドッキリをやる際はいくつか配慮が必要で、中でも「なぜこのドッキリをするのか」というロジックが重要だと思っています。ここがしっかりしていないと、ドッキリが炎上してしまうことも。「エガちゃんがかわいそう」といった反応が起き、その声が大きくなってしまうと、せっかくの笑いも笑えなくなってしまいます。

たとえば、「【問題作】ブリーフ団が辞めるドッキリを仕掛けたら、とんでもないことになった」という動画の場合。この企画は「ブリーフ団Lが会社の金を横領してしまいブリーフ団を辞めることになるかも、と江頭さんに相談した場合にどんな反応になるか」という内容で、Lを救いたい江頭さんが一緒に悩み、返済金の肩代わりを提案し、名言までも連発してしまう、という、江頭さんのちょっとカッコいい一面が出た動画となりました。ただ、なんの前提もなしにLが「ブリーフ団を辞めます」と切り出し、江頭さんを悩ます内容にしてしまうと、「エガちゃんの心を弄《もてあそ》ぶなんて」「再生数が欲しいだけだろう！」といった反感を買ってしまいます。

この動画でのロジックはというと……。じつは少し前の大食い動画のロケの際、たまたま流れで「Lが完食しなければ退団」という話になり、江頭さんが「Lがいなくなっても大丈夫」と冗談で切り返す場面がありました。この発言があったから、この「ブリーフ団Lが辞めるドッキリ」ができる、となったのです。「江頭さんはブリーフ団を実際どう思っているのか」「本当にいなくなっても大丈夫なのか確かめたい」という導入部で、ドッキリをする意味を視聴者に向けてしっかりと提示。前フリがあるからこそ、視聴者も「いいのかな？」と引っかからずに観ることができます。おかげさまでこの動画は「視聴者が選ぶ神回ランキング」で2023年の1位に輝きました。

2022年の神回ランキングで上位に選ばれた動画「この動画は本当に公開していいのか？」[2]は、もし江頭さんがNHKの人気ドキュメンタリー「プロフェッショナル 仕事の流儀」からオファーが来たら受けるのか、というドッキリ動画です。

このドッキリも、やる理由を無視して「オファーが来ました。でもウソでした」だけで

2

は江頭さんがかわいそうだし、視聴者も同じ思いで引っかかります。やるにはそれなりの理由が必要です。

こんなドッキリやりたいなと思っていたけどやる理由が見つからないまま時間は過ぎていったのですが、「好きなユーチューバーランキング」で2連覇を果たしたタイミングで、やる理由ができました。「連覇したことで江頭さんが浮かれていないか、天狗になっていないかをチェックしたい」。「江頭さんが人気者になっても変わっていないかを知りたい」というロジックがあることで、観る側のモチベーションも上がります。

ユーチューブをはじめ、常に何かで炎上しているネットの世界。燃える要因はいくつもあるのでしょうが、1つは「なぜこんなことをするのかわからない」といったもの。人は理由がわからないものを叩きがちです。だからこそ、今の時代は思考の過程を丁寧に伝えることが大事だと考えています。

19 ドッキリの流儀 演者さんの前で○○してはいけない

突然ですが、クイズです！ 「ドッキリの収録後、演者さんの前でスタッフが絶対にやってはいけないことがあります。それはいったい、なんでしょう？」

チッチッチッチッチッチッチ……

答えは……「隠しカメラの撤収」です。

これをやってしまうと、演者さんにカメラの隠し方、隠す場所などがバレてしまいます。これ、迷惑がかかるのがその番組だけならまだいいとして、ほかの番組でその演者さんにドッキリを仕掛ける時に、隠しカメラがバレてしまう可能性がある。ほかの番組にも迷惑をかけてしまいます。というわけで、「ドッキリのカメラの撤収は絶対に演者さんがいなくなってからがルール」という話でした。

20 「藤野のせいで芸人江頭は死んだ」と考えている人たちへ

「エガちゃんねる」の認知度が上がっていくにつれ、総合演出である「藤野義明」という僕の名も知ってもらう機会が増えてきました。ありがたいことに僕のことを応援してくれる人もいるのですが、中には、「藤野のせいで芸人江頭2：50は死んだ」という考えのアンチ勢も一定数います。〈私が好きなのはみんなから嫌われている孤高の芸人・江頭2：50で、こんな多くの人に愛される芸人ではない。藤野のせいでこんなことになってしまった〉……そんな考えなのでしょうか。

たしかに、テレビで活躍してきた江頭さんは、そんなコアなファンのみなさんに支えられていました。僕自身がその1人だからわかります。江頭さんの尖った笑いだけに特化した初の冠番組「がんばれ！エガちゃんピン」（BeeTV）を作っていたのは僕ですし……。

でも、コアなファンだけに刺さるコンテンツは長く持ちません。そして、追い討ちをかけたのはコンプライアンスの波。

2018年3月にはテレビ転換期を象徴する事件が起こります。テレビの世界で江頭さんの笑いを受け入れ、節目節目で準レギュラーのように扱ってくれたテレビ朝日『ぷっすま』、フジテレビ「とんねるずのみなさんのおかげでした」「めちゃ×2イケてるッ！」の3番組がほぼ同じタイミングで終了してしまいました。コンプライアンスという言葉に縛られたテレビ業界内では、「江頭2：50は終わった」といった雰囲気まで漂っていました。

大好きな芸人、江頭2：50がこのまま消えてしまっていいのか。江頭2：50の多様な魅力が知られることなく、世間から嫌われたまま終わってしまっていいのか。

もう1回、チャレンジしよう。

大きなコンセプトは、従来の過激な芸人としての江頭2：50、いわば「A面の江頭さん」を打ち出しつつも、まだ知られていない「B面の江頭さん」も見せていくこと。そしてもう1つは、終わらない番組であること。そんな狙いとともに始めたのが「エガちゃんねる」です。

このチャンネルを通して芸人・江頭2：50の魅力を多くの人に知ってもらい、4年経った今、「江頭さんのためなら」と多くの出演者・スタッフが協力してくださり、ステージの上で1万人を笑顔にしているイベント「エガフェス」も実現しました。江頭さんの後ろからその光景を見た時は、言葉にできないほど込み上げてくるものがありました。江頭さんの、芸歴35年という、長く壮大で壮絶なフリがあっての「エガフェス」。今まで見た中で、間違いなく一番美しい景色でした。

「藤野のせいで芸人江頭2：50は死んだ」と思うみなさんへ。テレビでは年に数回しか観ることができなかった江頭さん、一度はテレビから消えかけた江頭さんが、今は週2回観ることができるようになっています。過激なことばかりやっていたら「エガちゃんねる」はなくなってもう観られなくなります。そして江頭さんの心も体ももちません。死んじゃいます。今は「週2回観られる」というところだけでも認めてくれませんかね？　嫌いだという「緩い動画」は観ないでスルーしてください。過激でおバカな動画だけ選んで観ても、テレビ時代よりは江頭さんを多く観られますから。

21
伝説の「江頭入学式スピーチ」はこうして生まれた

「B面の江頭さん」を少しずつ見せていく中で、江頭さんの裏の顔が世間に大々的にバレてしまい、江頭さん的に「勘弁してよぉ〜」という事態になってしまうこともあります。2022年4月に公開した「【伝説のスピーチ】入学式にしょこたんとサプライズ乱入！」[1]がまさにそうでした。中川翔子さんと参加した代々木アニメーション学院の入学式で、新入生700人に贈った江頭さんのスピーチが感動的だ、ということでネットニュースでも大きく取り上げられて話題に。2022年の神回ランキングでも1位に選ばれ、この動画やネットニュースをきっかけに「エガちゃんねる」を知った、という人も多いかもしれません。2年後の2024年3月11日には、TBS「ラヴィット！」でインディアンス田渕章裕さんが「背中を押してくれるもの」という話題でこの動画を紹介。スピーチ部分だけですが、地上波でも「エガちゃんねる」の映像がノーカットで公開されてしまいました。

この入学式スピーチ以降、「江頭さんに講演会でスピーチをしてほしい」といったオファ

1

ーを頂くことが増えました。なのですが、すべてお断りさせていただいています。それをやるのは江頭さんの芸風に反しますし、あのスピーチは初めから狙ってやったわけではないんです。「スピーチをしに行きましょう」という企画だったならば、江頭さんはやってくれませんし、僕らもそれは望んでいません。

そもそもは、入学式でどれだけくだらないことができるのか、が企画の出発点。あの企画のメインは、新入生へのお祝いとして、よくライブのラストとかでテープと紙吹雪が飛び出るキャノン砲を江頭さんのお尻に発射する、というもの。ただ、未来ある若者の人生の節目でくだらないことだけやって帰るのも申し訳ないかなと思い、「せっかくだからおまけでスピーチでもどうですか?」と振ってみたところ、「まあ、そうだね」と江頭さんも引き受けてくれました。

結果的にはくだらない部分はスルーされて、おまけのスピーチ部分だけがニュースに取り上げられた形に。江頭さん的には「もう、営業妨害だよ!」ということかもしれませんが、この「B面の江頭さん」をきっかけにして「A面の江頭さん」の良さももっと広めていければと思っています。

江頭2：50　入学式スピーチ

新入生のみなさん、
今日みなさんは大きな夢と希望を胸にこの会場に来られたと思います。
しかし、世の中いいことばかりじゃありません。
かくいう私もトルコで全裸になって捕まったり、
新宿で下半身を出して捕まったり、嫌いな芸人ランキングは9年連続1位、
抱かれたくない男ランキングでも不動の1位でした。
最近では大好きだった佐山愛ちゃんにもフラれました。
もうどうしようもない人生です。
でも、そんなことがあったからこそ、
好きなユーチューバーランキングで2年連続1位を取れたんだと思います。
かなり遠回りをしましたが、何が言いたいかというと、
何があってもあきらめるな！ということです。
夢を追いかけていたら、必ず壁にぶち当たります。

うまくいかなくて悔しい思いをしたり、恥ずかしい思いをしたり、
どうしていいかわからなくなったり。でもそれは当たり前です。
だって、お前らが追いかけているのは夢なんだから。
簡単に手に入らないから夢なんです。それに打ち勝って摑むのが夢なんです。
やりたいと思わないならやらなくていい。
でも、やりたいと思ったらあきらめずにやってください。真剣にやってみてください。
俺はどんな仕事でも真剣です。
お尻から粉を出す、これ普通だったらただの変態です。
でも、なりふりかまわず真剣にやっていると誰かが笑ってくれる。
真剣にやるのは、若い君たちにとって恥ずかしいことかもしれません。
バカにしてくるやつもいます。
でも、99人がバカにしても1人が応援してくれれば、それでいいじゃねえか。
1人が笑ってくれればそれでいいじゃねえか。
それでももし、つらいこと、嫌なことがあったら俺を見ろ！　そして笑え！
悩むのがバカバカしくなるから。

2章

伝説の夏!

笑いと音楽の祭典「エガフェス」ができるまで

22 「エガフェス」が生まれた日

江頭さんがやりたいことを実現したい。その思いとともに歩んできた4年間。コロナ禍のある日のロケで、「江頭さん、これから何をしていきましょうか?」と尋ねたところ、江頭さんから出てきたのが「あたおかと会いたいよね。だって、コメント欄のアイツら熱いじゃん」「熱いあたおかと一緒にフェスがやりたい」の言葉でした。

「エガちゃんねる」がスタートしたのは、2020年2月1日。日本に「緊急事態宣言」が発令され、当たり前の日常が過ごせなくなる、わずか50日ほど前のことでした。みんなが外出もままならない異常な状況だったからこそ、「エガちゃんねる」というバカバカしいコンテンツで笑ってもらえた側面はあったのかもしれません。

その一方で、視聴者であるあたおかのみなさんからは、コメントはもらえてもリアルの場で会うことは当然できない日々。そんな状況が長く続いていたからこそ、江頭さんの「あたおかと会いたい」の思いにつながったのでしょうか。

こうして、おぼろげながら意識し始めた笑いと音楽の祭典「エガフェス」。といっても、僕らが長年やってきたのはお笑いのコンテンツを作ることだけ。フェスなんてものはどうすれば実現できるのか、皆目見当もつきません。しばらくは漠然とした「フェスをやりたい」の思いばかりで、具体的に動けていたわけではありませんでした。

でも、この日から明確に動き出した、という「エガフェスの誕生日」のような日があります。２０２１年12月17日、ともにエガフェス実現に向けて奔走《ほんそう》してくれることになる、ＴＢＳの田邊哲平プロデューサーと初めて食事会で会った日でした。

田邊さんは前職のドコモ時代に、「がんばれ！エガちゃんピン」でもサービス運営担当として番組継続に尽力してくれていて、直接会うことはなかったものの、いわば戦友です。その後、ＴＢＳに移籍されて制作部署に籍を置き、「水曜日のダウンタウン」などの人気番組を担当する中、新たな挑戦として「エガちゃんねると一緒に何かできないか」というお声がけでした。特番のアイデアも出ましたが、これと言った方向性が浮かばない中、「じつは『エガフェス』というアイデアを考えています」と話題を変えたところ、「それめちゃくちゃいいですね！　一緒にやらせてください！　会社内を調整します！」と盛り上がってその日は終了。こうした口約束は酒の席だけの話で終わることが多々あるのですが、田邊さんは本気になって動いてくれて、ほどなくして「やれるようになりました。やりましょう！」と、エガフェスが正式に動き出すことになったのです。田邊さんは、僕と初めて会って「エガフェスをやりましょう！」となった2021年12月17日を「エガフェスの誕生日」と呼んでいます。

しかし、これには落とし穴が。エガフェスについて初めて告知をする際、「エガちゃんねる」で動画を公開するタイミングで、同時に公式ツイッター（現X）も開設する予定でした。しかし、概要欄ではエガフェス公式ツイッターへのリンクを貼ったのに、ツイッターは一向に開設されない。「どうしたんですか？」と問い合わせたところ、「すみません、今ちょっとトラブルで遅れています」と田邊さん。翌朝になっても開設されなかったので、何が起きていたのか確認したところ、ツイッターのアカウントを作る時の「誕生日」の項目を「2021年12月17日」にするというエモいことをした結果、未成年と判定されて審査が通らなかったそうです。田邊P、かわいいです（笑）。

とにもかくにも、こうして動き出した「エガフェス」は、2022年9月に第1回を開催。その経験をベースにして、2024年8月には2daysでの「エガフェス2024」開催という、さらに無謀な挑戦へと続いていくことになりました。

23 「リスペクト」が生む原動力

「お前ら、会いたかったぜぇー！」２０２２年9月30日、ついに開幕した「エガフェス２０２２」。開会とともに江頭さんが絶叫したのはこの言葉でした。舞台はＬＩＮＥ ＣＵＢＥ ＳＨＩＢＵＹＡ（旧渋谷公会堂）。過去、「8時だョ！全員集合」（ＴＢＳ）の生放送や、ＢＯØＷＹ、浜田省吾さんなど数々のアーティストの伝説のライブが行われた場所で、新たな伝説の幕が上がりました。

江頭さんが「会いたい」と熱望していたあたおかのみなさんは、２０００人の定員に対して2万人以上の申し込みをいただき、さらに配信チケットも1万枚以上と、すごい数の方に観ていただけました（ダイジェスト版は「江頭、人生で最高の1日。」[1]と題して、いつでも「エガちゃんねる」でご覧いただけます）。

普段はお笑いのことしかわからない我々を助けてくれるように、熱狂的あたおかを自認し、ブリーフ団のテーマソングも作ってくれたシュノーケルさん、同じく番組ＢＧＭを作ってくれたガガガＳＰさん、番組エンディングテーマを歌ってくれている小松美生《みお》さんら

1

が熱唱。さらには、〝中野仲間〟の中川翔子さん、若手時代から江頭さんと苦楽をともにしてきた戦友であるキャイ～ンのお2人、〝『ぷっ』すま」の盟友〟大熊英司アナも総合司会として参戦してくれるなど、「エガちゃんねる」や江頭さんを長年にわたって支えてくれたみなさんのお力添えで、唯一無二の熱く下品なステージが生まれました。

そんな特別な舞台の裏でさまざまなサポートに徹してくれたのは、「エガフェス」陰の功労者、田邊哲平プロデューサーです。田邊さんは「がんばれ！エガちゃんピン」時代からの戦友と前項で書きましたが、その当時の田邊さんが担ってくれたのは社内の調整役。コンプライアンス無視の江頭さんの冠番組なんて、社内での風当たりは相当強かったはず。それでも田邊さんが逆風を防ぐ盾となり、批判の雨を受け止める傘となってくれたおかげもあって、「がんばれ！エガちゃんピン」は4年も続けられたのです。

田邊さんの原動力は、江頭さんが大好き、という熱い気持ち。だからこそ、江頭さんへのリスペクトがある。エガフェスを開催するにあたっても、ＴＢＳ社内ではきっと「あれをやっちゃダメ」とか、逆に「こんなことをやってもらいたい」といったお願いがいろいろとあったはず。その1つひとつに対して、「江頭さんがどう思うか」と考えながら社内調整をしてくれたおかげで、エガフェスはなんとか形になりました。

24 僕以上にあたおかのことを考えている人間はいない自負

同じことは2度できない男、江頭2：50。「エガフェス2022」の大成功を受け、「またフェスをやりたい」となっても、同じ箱、同じ規模、同じ内容をやるわけには当然いきません。2年ぶりの「エガフェス2024」の舞台は神奈川・ぴあアリーナMM。収容人数は前回の5倍となる約1万人。しかも2days開催なので延べ2万人と、前回の10倍にパワーアップでの開催となりました（こちらもダイジェスト版は「【エガフェス2024】日本一かっこ悪い芸人の「伝説の夏」」[1]でご覧いただけます）。

同じことは2度できない江頭さんなので、2daysもまったく別の内容。初日は少しゆるい内容でコントなども楽しむ「前夜祭」として位置付け。「エガちゃんねる」の大食い企画には欠かせない大食いガールズ（海老原まよい＆ますぶちさちよ＆もえのあずき＆ロシアン佐藤）のみなさん、江頭さんとのマナー対決で人気のマナー講師・平林都さんをはじめ、番組レギュラーといってもいいみなさんにも参戦していただきました。

1

そして2日目は、サンボマスターさんや氣志團さん、武田真治さん、辻希美さん、中川翔子さん、「佐賀県」を歌うはなわさんと、大物ミュージシャンのみなさんにもご出演いただく「大本番」と銘打ち、両日参加しても楽しめるフェスとなりました。

集客に関しては、前回エガフェスでもチケット応募が2万人だったのでなんとか勝負できるはず。ただ、配信チケットとグッズをどれだけ売り上げられるかは未知数でした。

僕はディレクターであり、コンテンツを作るプロではありますが、ビジネスの才能はあまりないと自覚しています。なので、ビジネス的な部分での戦略については田邊さんをはじめ、その道のプロフェッショナルの方々にお任せしていたのですが、周囲からは『エガちゃんねる』ならもっといけますよ」「グッズをもっとたくさん作りましょう」「藤野さん、この規模のフェスであれば、もっと売れますよ」といった景気のいい声が次々と。でも、僕はそこで「もう一度冷静になって考えましょうよ」とブレーキ役になる場面が多くありました。江頭さんとどう笑いを作っていくか、どんな動画にしていくかの部分では攻める姿勢が主軸の僕ですが、グッズが売れるかどうかでは現実的というか、そんなに売れる前提でいては危ない、という意識がありました。

開催日は、お盆休みとも重なる8月17日㈯、18日㈰。飛行機代も宿泊代もべらぼうに高い時期です。2days開催で両日違う内容なので、両方に参戦してくれるあたおかもきっと多い。しかも、会場からほど近い横浜赤レンガ倉庫では、「エガちゃんねる」初のフードフェス「うましら〜祭り」の開催もあり、そっちにもあたおかは行く。もうこれだけで、あたおかのみなさんの出費機会は非常に多くなる。

僕以上にあたおかのみなさんのことを考えている人間はいない、という自負がありますから、「そんなにグッズが売れるはずはないんです」と何度も説明しました。

もっとも、僕の説得が弱かったこともあり、周囲の声も受ける形でけっこうな量のグッズ（それでも、先方の提案の半分以下にはしたのですが）を製作してしまい、結果的にはエガフェスが終わっても大量に余ってしまいました。在庫の量を聞いた時は思わず笑ってしまうほど。こうなったらもう、それを笑いに変えるしかありません。

まずは江頭さんと大量の在庫が置いてある倉庫に行き、信じられないくらいの山積みの段ボールを見てひと笑い。そして後日、フリーマーケットに出店して在庫を江頭さんが直接売りさばく動画（【地獄】赤字が膨れ上がってとんでもない額になりました）[2]を撮影しました。

結果的にはフリーマーケットへ買いに来てくれたお客さんに喜んでもらうことができたとともに、その動画の影響もあって「エガちゃんねる」のECサイトで買ってくれる人も

2

増え、エガフェス開催から3ヶ月後にはようやくほとんどの在庫をなくすことができました。

この在庫が減ったこと、じつはこれ、次回のエガフェス開催にはとても大きなことなんです。エガフェスが大きな赤字イベントとなると、TBSが「そんな赤字イベントはもうやめなさい」となってしまう。ヘタしたらそれが最後のエガフェスになってしまうかもしれませんでした。しかし、おかげさまでなんとか次回の開催ができそうなレベルまでには赤字を解消できまして……。

みなさま、本当に、本当にご協力ありがとうございました！

25

江頭さんが座長のイベントで中途半端なものは見せられない覚悟

「エガフェス2024」はプレッシャーを感じながらの準備でした。2days開催で演者さんの数も増えるなど規模が大きくなったことに加えて、あたおかのみなさんからは「ホテルを取りました」「飛行機予約しました」といった報告が次々と。8月中旬のお盆時期の開催のため、ホテル代も飛行機代もバカにならないのに、みんな楽しみに来てくれる。これは中途半端なものは見せられないぞ、と腹を括《くく》りました。

最低ラインとして、前回のエガフェスを超えなければならない。それは、江頭さんやブリーフ団にとっても僕にとっても、意地みたいなものであり、避けては通れないハードルです。江頭さんが人気になるほど、チャンネル登録者数が増えるほど、「昔のエガちゃんのほうが尖っていて良かった」「ヌルいことやりやがって」と言ってくるアンチの人たちもいます。江頭2：50が座長のイベントで「尖ってない」なんて言わせられない。アンチの人たちでもグウの音も出ないほどの、圧倒的なものを見せるしかない。

そのためにも、妥協せず、粘れる部分は粘る。大枠の構成は開催1ヶ月前くらいに固まったものの、その時点ではまだ、シークレットゲストの氣志團さんと、「めちゃイケ」時代からの盟友でもある武田真治さんは別なお仕事のスケジュール調整のため、本当に出演できるのかがわからない状態が続きました。

最終的に氣志團さんの出演が決まったのは7月末で、武田さんが決まったのは8月に入ってから。そこから各所に無理を言いながら演出プランを固めていき、ギリギリまで粘ったおかげで、本番2週間前に台本が完成した時には、「これで誰にもグウの音も出させない」という自信が出てきました。

26
大の大人が真剣に悩む「どうしたらチ〇コが見えないか会議」

「エガフェス2024」では、誰に出ていただくか、どんな構成・内容にするかの大枠の部分を考えていくことも大変でしたが、本番ギリギリまで、なんなら本番前日や当日のリハーサルまで、細かい部分の調整やブラッシュアップは続きました。決めなければならないことのチェックシートを作り、終わったものから順にリストから外していっても、新しい懸念事項やチェック項目が次から次へと増えていく。これは本当に終わるのか、フェス当日まで間に合うのかと不安な日々が続きました。

その中の1つが、「江頭さんのチ〇コはどうやったら見えないか会議」です。ライブなので、あとからモザイクで隠すことができない江頭さんのチ〇コ。でも、どうしても江頭さんとしては出したくなってしまうチ〇コ。その危険性を未然に防ぐため、「エガフェス2024」では、チ〇コ消しのための〝生モザイク機〟として曇りガラスを用意。江頭さんがチ〇コを出しそうになると、ブリーフ団がすかさずその曇りガラスで覆うことにしました。

この曇りガラスの〝曇らせ具合〟がなかなの難問。濃すぎるとつまらないし、見えすぎてもアウト。何酒類もの曇りガラスを用意し、AD君が自ら全裸になって見え方（隠れ方）を検証してくれて、僕の判断で「よしこれでいこう！」と本番会場に持っていきました。

ところが、当日のリハーサルでTBSの田邊プロデューサーが見て、「いやいや藤野さん、輪郭がわかるからこれじゃダメですよ！」とNGが。「え!? 輪郭もダメ？ 輪郭くらいはセーフじゃないですか？」と聞いたら、どこからかスーツを着た偉い方々も集まってきて、「輪郭はダメ！」と怒られまして……。急きょ、検証していた、ボケ方が強いほかの曇りガラスに切り替えました。

ほかにも、ダッチワイフに着せる衣装で悩んだり、エガフェスの最後で江頭さんが乗る「おっぱいトロッコ」（4ページ）の壁面図案で、水着を着た巨乳の女の子を発注したつもりが、攻めの姿勢の美術さんが乳首が出ている女の子のデザインを上げてきてしまって、さあ大変。さすがに乳首を出すのはやめましょうと、すべてに水着を着せるよう修正をお願いしたり。

スタッフ総勢約800人の「エガフェス2024」。下品のボーダーライン、エロスのボーダーラインの800人の意思統一。それは本番当日まで続きました（笑）。

27 台風急襲！ 赤字上昇！「うましら～祭り」中止決定の舞台裏

「エガフェス2022」を超えるべく、「エガフェス2024」で新たに挑んだ企画の1つが、「エガちゃんねる」初のフードフェス「うましら～祭り」の同時期開催です。フェス会場のぴあアリーナMMからほど近い横浜赤レンガ倉庫を舞台に、「エガちゃんねる」と縁のある料理人、飲食店などにご協力いただき、フェスの2日前から4日間にわたって、あおかのみんなと一緒に食べまくろう、「うましら～」を言いまくろう、というイベントでした。

ところが、最強クラスの台風7号が関東に急接近。4日間のイベント期間中、会期2日目と3日目にもっとも接近しそうという予報だったため、台風が過ぎるまでの3日目までを中止。4日目だけの開催、という苦渋の決断をすることに。

この決断をしたタイミングでは、もう設備や機材などは会場に搬入済み。空はまだ真っ青で、ジリジリと暑い真夏の空気の中だっただけに断腸の思い。でも、来場されるあたおかのみなさんや大勢のスタッフの安全を最優先すると、この結論を出すしかありませんでした。

この「うましら〜祭り」、とにかくあたおかのみなさんに喜んでもらいたい一心で、文字どおり採算は度外視。そのうえ、飲食業界に詳しい人にあとから聞いた話では、そもそも食中毒の危険性が高まり、暑さや熱中症対策などで費用がかさむし、台風の危険もある夏場にフードフェスなんてやるものじゃない！というのが常識だったとか……。

そのため、開催前時点で２４００万円の赤字が確定している始末でして、出店してくれた料理研究家のリュウジさんも「誰が値段設定したんですか？」と驚く状況でした。にもかかわらず、台風で開催できるのは１日だけ。こういったイベントでは悪天候や交通機関の不通などが起きた場合に備えた保険があり、我々も加入していたのである程度は戻ってくる額もあるとはいえ、単純計算で赤字は５０００万円に……。

最終的には前述のとおり（項目24）、フェス終了後に「うましら〜祭り」でも売るはずだったグッズをフリーマーケットで販売するなどして赤字はだいぶ解消できましたが、この壮大な赤字も「１つの伝説」ということで。

28 サンボマスターと氣志團

「エガフェス2024」を彩ってくれた豪華アーティストの方々。その中で、江頭さんが直々にオファーして出演いただいた1組がサンボマスターさんです。

江頭さんとサンボさんの交流のきっかけは2022年。江頭さんの盟友で、その前年に53歳の若さで亡くなったパンクバンド「オナニーマシーン」のボーカル・イノマーさんの遺志を受け継ぐ一夜限りの伝説フェス「イノマーロックフェスティバル」での共演。その時に、「また一緒に何かやりたいね」と話していました。日本を代表する魂のバンド・サンボマスターと、魂の芸人・江頭2：50をどう絡めればフェスはより盛り上がるのか。それを考える日々は大変なプレッシャーであると同時に、非常に刺激的でした。

まずはサンボさんに何曲歌っていただくか。せっかく出てくれるのだから1曲ではもったいないし、サンボさんのあの世界観&空気感を作り上げるには3曲くらいは聴きたい。ただ、エガフェスで江頭さんと関係のない曲が3曲も続くのはどうなのか……と。そこで2

曲目に、サンボさんの名曲「花束」に合わせ、江頭さんが佐賀のご実家のお母さんに花束を贈るシーンを撮影して会場の巨大モニターで流せば、エガフェスとしても意味のあるものになるのでは、と考えました。

けど、はたしてそんな演出をサンボさんでやっていいのか……。音楽業界の常識がわからなかったので、音楽番組を担当し、普段からミュージシャンと対峙《たいじ》している知人のスタッフにこの演出プランを話してみました。するとそのスタッフの意見は「サンボさんの楽曲で江頭さんの映像を流すのは失礼だからやめたほうがいい」という返しが。

やっぱり音楽業界はそういうもんか……と一度はあきらめかけましたが、これが実現できれば観たことがないライブになる、という思いがあったので、ダメ元でサンボさんには提案してみることに。するとサンボさんは「いいですね！」となんと快諾！　さすがサンボさん、器がデカいです。さらに、実際にその映像を撮影し、完成したものを観てもらったところ、「こんな素敵な演出、ありがとうございます。最高ですね！」との返事も頂き、ダメ元で相談してみて良かったと震えました。

サンボさんの会場を一体化させる熱唱でフェスはまさに大盛り上がりで、その熱さに涙するあたおかもたくさん。僕らブリーフ団にも「遠慮せずに一緒に盛り上がりましょう」と声をかけてくれる。サンボマスターさんと一緒にステージ上で「世界はそれを愛と呼ぶんだぜ」を熱唱できたのは最高の思い出です。

そして「エガフェス２０２４」に出ていただいた氣志團さんも、出会いはサンボさんと同じく「イノマーロックフェスティバル」。氣志團さんは、「エガフェス２０２４」大本番の前日に長野でのライブがあり、普段は2日連続でフェスに出演することはないそうなんですが、「江頭さんのためなら」と、翌日長野から直接会場に来てくださいました。

そんな氣志團さんは、下品極まりない「全裸マジック」というお笑いブロックから直結して「One Night Carnival」という演出も快諾してくださり、これで会場のボルテージは最高潮に！　さらにはサンボさんやほかの出演者のみなさんと一緒に最後のアンコールまでお付き合いいただけました。出演者のみなさまには感謝してもしきれません。

29

「汚名返上」「名誉挽回」じゃなく「汚名挽回」「名誉返上」で

サンボさんの名曲「花束」と一緒に流した、江頭さんが実家のお母さんに花束を届けるVTRのちょっとした裏話を……。「エガちゃんねる」を開設して1年半くらい経った頃、「江頭、佐賀に帰る。」[1]という動画を撮った時に、せっかく佐賀に帰るなら……ということで江頭さんに「実家（お母さん）の撮影はできませんか？」とお願いしたことがあります。その時の答えは「母ちゃんはすごい恥ずかしがり屋だから」ということで撮影はしないことに。江頭さんのお父さんは「江頭2：45」として何度もテレビに出ていましたが、恥ずかしがり屋のお母さんはテレビなどに出たことはこれまでほとんどありませんでした。

ご実家に寄らずとも、高校時代の友人と会ったり、地元の商店街で「【過去最高額】「店で一番高いものください」と言ったら心臓が止まりかけた。」[2]のロケをしたりと、それはそれで盛りだくさんの佐賀ロケに。それ以降、僕たちの中ではもう実家での撮影をするつもりはなく、話題に上ることもなかったくらいなのですが……。今回のエガフェスでサンボ

2

1

マスターさんの出演が決まった際、サンボさんの「花束」演奏中に江頭さんが実家のお母さんに花束を届ける映像をモニターに流すことができたら、という想いが僕の中に出てきました。

そこで、江頭さんに今回の演出プランと意図を伝えて、「音声は使わず、映像だけ」「VTRは1〜2分くらい」であればお母さんはOKしてくれないでしょうか？と約3年ぶりに相談。これは江頭さんにとってはとても大きな決断になるので、何度かの話し合いを経て、江頭さんからお母さんに相談（説得？）してもらい、ついにご出演いただけることになりました。

ただ、いざ撮影となって江頭さんの実家に行くと、お母さんと江頭さんのやり取りも含め見どころがたくさん。この動画はフェス限定、とお願いしていたにもかかわらず、江頭さんとお母さんの映像を「エガちゃんねる」の中に動画として1本残したい欲求に駆られ、エガフェス終了後にあらためて、撮った素材を元に動画として1本作ることを江頭さんに相談し、そこからまたお母さんの許可を頂き……といった経緯の末に、「【実家】母に会いに行きました」[3]として公開させていただいた次第です。

この動画はとてもハートフルな内容になりまして、ある意味で「エガちゃんねる」らしくない。そこで動画の冒頭に「閲覧注意」として、〈今回の動画には「過激」・「おバカ」・

3

「下品」な描写は一切含まれていません。そのような動画が苦手な方はご視聴をお控えください〉という、〝逆閲覧注意〟のテロップを入れました。それでもコメント欄には、江頭さんの親孝行ぶりに感動するコメントがずらりと並ぶという、江頭さんにとっては盛大な営業妨害の動画になってしまい、近々また「汚名挽回」「名誉返上」できる動画を作らないと、と決意を新たにしました。

こういったハートフル動画によって、江頭さんの好感度が上がってしまうことには注意が必要です。なぜなら、江頭さんの本質は「お笑いテロリスト」。2度も逮捕されてきた男です。それなのに、好感度が上がって聖人君子《せいじんくんし》のようだと勘違いされると、本来の仕事がやりにくくなってしまいますし、何か事件が起きようものなら「裏切られた」なんて言われるかもしれません。いやいや、待ってください。江頭さんはまたいつ逮捕されてもおかしくない男なんですよ、と。

そんな時こそ、忘れてはならないのが「汚名挽回」「名誉返上」の四字熟語。一般的には「汚名返上」「名誉挽回」が正しいとされていますが、江頭さんにとってはその逆こそが正しい使い方。好感度が上がってしまう動画が出たら、定期的に「汚名挽回」「名誉返上」できる動画を出すように心がけています。

30 「世界はそれを〝エガ〟と呼ぶんだぜ」

「エガちゃんねる」サイドからのさまざまなお願いに対しても「いいですね」「最高じゃないですか」と快く引き受けてくださったサンボマスターさん。本当の大物ほど、じつは気前が良くてサービス精神も溢れている、ということを再認識させてもらいました。むしろ、そのサービス精神があるからこそ、才能ひしめく音楽業界でもトップランナーになれるのかな、とすら感じます。

サンボさん以外でも、「エガフェス２０２４」に出ていただいた氣志團さんは、その前日に長野でのライブがあって、出演できるかどうかもギリギリまで決定せず。氣志團さん抜きのフォーマットも検討していたほどです。

なんとか調整がうまくいって出ていただけることになったものの、リハーサルの時間は取れない。フェスの最後を飾るアンコール曲「雨あがりの夜空に」について、出演者全員で歌唱パートを分けて歌う予定でしたが、「準備時間のない氣志團さんのハードルが高いから、パート分けをせず、みんなで全部歌うことにしませんか？」と提案する人もいました。

でも、それでは意味がない。「このパートは誰々、とちゃんと許可を取らせてください」とお願いしました。すると氣志團さんも快く引き受けてくださいました。1万人の会場が一体となった大団円の締めくくりにすることができたのは、僕らの無茶を受け止めてくださった出演者のみなさんの度量のおかげです。

そんな気遣いのあるミュージシャンのみなさんは、僕らブリーフ団にも「遠慮せずに一緒に盛り上がりましょう」と声をかけてくれる。サンボマスターさんと一緒にステージ中央で「世界はそれを愛と呼ぶんだぜ」を熱唱できたのは最高の思い出です。しかも、その最後の歌詞を「世界はそれを〝エガ〟と呼ぶんだぜ」と、アドリブで変えてくれるサプライズ演出も。いや〜、カッコいいですね。

31 「雨あがりの夜空に」の歌詞の違い

2日間に及んだ「エガフェス2024」のグランドフィナレーを飾るべく、アンコールで最後に歌ったのが「雨あがりの夜空に」。忌野清志郎さんが率いたRCサクセションの名曲です。8月に入ったギリギリのタイミングで武田真治さんの出演が決まり、江頭さん、ブリーフ団と話し合った結果、武田さんのサックスが生かせて、会場全体で盛り上がるにはこの曲しかない、ということで決まりました。

その決定後、出演者の歌割りを決めるためにこの曲を何度も何度も聴き返しました。ユーチューブではさまざまなライブバージョンを観ることができるので、観比べ聴き比べました。するとある時、「あれ？　何か違うぞ」という発見が。

まず、歌詞にいくつかパターンがあるし、曲のテンポもけっこう違うものがある。こういう場合はどのバージョンで歌うのがいいですか？と音楽チームに確認したところ、「原曲のレコードの歌詞に合わせたほうがいいのでは」という回答が返ってきました。ただ、僕としては「なぜ原曲とライブで歌詞が違うのか？」が気になり、RCサクセションのこと、忌野清志郎さんのことを調べてみることに。出演者全員に歌っていただくので、引っかかったことは、できるだけ解消しなくてはなりません。

わかったことは、「雨あがりの夜空に」は最初のレコーディングの際、忌野清志郎さんが作った歌詞を、プロデューサーさんの「もっとこうしたほうが売れそう」という意向で変更した部分があったようです。清志郎さんは、それでレコーディングはしたものの、やっぱり納得がいかず、後年のライブではもともとの歌詞で歌うようになった……そんな背景があったのです。

となると、亡くなった清志郎さんの遺志に沿うならば、ライブバージョンを歌うべきではないか。そんな経緯で、アンコールの「雨あがりの夜空に」では出演者全員で、原曲の歌詞ではなく、ライブバージョンの歌詞で歌わせていただきました。

氣志團の綾小路翔さん、サンボマスターの山口隆さん、中川翔子さん、シュノーケルの西村さんなど、豪華ボーカルリレーに、武田真治さんのサックス演奏も加わる中、最後を締めくくる江頭さん。ステージ後ろから見たその光景は、一生忘れることのできない最高のものでした。

32 あたおかの行動力に励まされる

エガフェスを最高のものにしてくれたのは、参戦いただいたミュージシャンやタレントのみなさんのお力添えはもちろんのこと、来場して、ともに「伝説の夏」にしてくれたあたおかの存在、配信チケットを買って感動を分かち合ってくれたあたおかのみなさん抜きには語れません。

そして、フェスが終わってからも、あたおかから励まされた出来事があります。フェス終了の翌日、疲れと余韻に浸っていた僕のSNS宛に、会場だったぴあアリーナMMの前にあるオフィスビルの警備員だというあたおかさんからDMが届きました。

その「あたおか警備員さん」曰く、さまざまなライブイベントが開催される毎週土日は、そのオフィスビル周辺もたくさんの来場者で人だかりに。中には、オフィスロビーにまで入ってきてくつろぐ人、さらには地べたに座り込んだり、入口付近でグッズのトレーディングをしたりして滞留《たいりゅう》や通行の妨げになるケースも多いとか。そこであたおか警備員さんが注意をすると、暴言を吐き捨てる人までいるそうです。

ところが、エガフェスが開催された2日間は滞留もほぼなし。オフィスビル1階にある女子トイレもいつもなら長い行列ができてクレームだらけなのに、エガフェスの2日間はノークレーム！　その奇跡的な状況を見て、あたおか警備員さんは「江頭さんやブリーフ団のみなさんのお人柄が『あたおか』さんに伝染しているからだと感じました」と書いてくれていました。もうこれは、あたおか全員の優勝でしょう！

江頭さんの「あたおかと会いたい」の言葉から始まったエガフェスは、まさにあたおかのみなさまと作った「伝説の夏」となりました。

こういった大きな企画に限らず、あたおかのみなさんの声、行動力、毎回の動画で頂くコメントには本当に励まされています。日々の動画撮影を進めていくうえでも、あたおかの声を元に企画を成立させることもあります。神回として評価を頂いた生配信企画「恩返しだ！半年記念！エガちゃんねる花火大会!!江頭が夏の夜空に花火を打ち上げる!!」[1]も、スケール感満載だった「【江頭釣り部】江頭、伝説の巨大モンスターマグロを釣る！」[2]も、「江頭さん、花火を打ち上げませんか？」「久米島でマグロを釣りませんか？」というあたおかからのお誘いがあったおかげです。これからも、あたおかと一緒に成長していくチャンネルでありたいと願っています。

2　1

33 花火大会、富士登山、ホノルルマラソン ほかではやっていないことを目指して

これまで2度開催した「エガフェス」は、ユーチューブ発でここまでのライブイベントができるのか、という部分でたくさんの人に驚かれました。たしかに、エガフェスは極端な例にしても、これまでも「エガちゃんねる」では、ほかではやっていないライブ配信や、ユーチューブ初と言われるさまざまなことに挑戦してきました。

たとえば、前項で挙げた、チャンネル開設半年を記念しての「エガちゃんねる花火大会」の生配信。山の中で通常のＷｉ－Ｆｉは使えず、特別なＷｉ－Ｆｉを専門業社に発注。打ち上げ現場とメインステージは安全面から分ける必要があり、ユーチューブの生配信では聞いたこともない2元中継に挑戦。しかも、当日は信じられないゲリラ豪雨も降る中、仕切りのプロである盟友・大熊英司アナの尽力もあってどうにかトラブルを乗り切り、同時接続は7万2000人以上。「テレビのゴールデン特番のようだった」なんてありがたい声まで頂きました。

ユーチューブの生配信は12時間までというルールがある中で、最大限できる大きなチャレンジとして、2021年7月には前代未聞の富士登山企画「怒涛の12時間生配信～登録者250万人を目指して～」[1]を敢行。この時は悪天候のトラブルもあって登頂できませんでしたが、2年後の7月に「伝説の12時間生配信 ～登録者400万人を目指して～」[2]と題してリベンジ。無事に富士山登頂を果たしました。

2024年には「【史上初】江頭、ホノルルマラソン42・195km完走するまで生配信！」[3]に挑戦。元陸上部の江頭さんらしいことを、と考案した「人生初のフルマラソン」企画でしたが、こちらも「ホノルルマラソン生配信はユーチューブ史上初」として歴史に残せました。元々は大会などには参加せず、自分たちで勝手に走ることも考えましたが、警備などの問題で実現は難しそう。では、どこかのマラソン大会に参加させてもらおうか？さらに調べると、ハワイのホノルルマラソンでできるかもしれない、と。

当初「マラソンなんて無理無理」と乗り気ではなかった江頭さんですが、「ホノルルマラソンならどうですか？」と聞いたところ、「いいねぇ」と前向きに。仕事（公式応援サポーター）でホノルルマラソンに来ていた小島よしおさんとの裸芸人同士の奇跡の遭遇あり、マラソン金メダリストの高橋尚子さんにお会いできたりと、予算面で大変だったこと以上にプラスの面もたくさんありました。

余談ですが、ホノルルマラソンに向けては、江頭さんも僕らブリーフ団もみんなで数ヶ月間、事前準備としての走り込みを続けました。高校時代は陸上部だった江頭さんも、卒業後はジムでの筋トレのみ。初めてのフルマラソンにあたってはちゃんと専門家の指導も仰がねばとマラソンコーチとの契約を考え、江頭さんのテンションが上がるかと女性コーチを手配しようとしたところ、江頭さんからは「男性コーチがいい」のオーダーが。聞けば、女性コーチだと照れてしまって言いたいことが言えなくなるから、と江頭さん。普段は風俗の話ばかりで、「エガフェス」や「マグロ祭り」などのイベントでは御用達《ごようたし》のお店の爆乳お姉さんをこっそり招待してしまうくせに、ここぞの場面ではあえて女性を遠ざけるストイックさも、じつに江頭さんらしいです（江頭さんの特訓風景は、サブチャンネル「替えのパンツ」で「江頭、ホノルルマラソンへの道【前編】[4]・【後編】[5]」と題して公開しています）。

12時間生配信といった企画は今のテレビではそう簡単にはできません。けれど、ユーチューブならできる。まだまだほかではやっていない頭のおかしい企画にチャレンジしていきたいですね。

5　4

34 「次は超えられるの？」という期待・疑念・心配に対して僕と「エガちゃんねる」ができること

テレビ時代から「1本のレギュラーよりも1回の伝説」を掲げてきた江頭さん。だからこそ、ユーチューブでも大きなチャレンジ、誰もやっていないことにも挑んできました。フェスをやるなんて無理だよ、と誰もが思う中、チャンネル開設3年目にして、多くの人に助けてもらいながら「エガフェス2022」として実現。これ以上のことなんてできるの⁉という声もありましたが、箱も開催日数も出演者も大幅にスケールアップしての「エガフェス2024」が開催できました。

ならば、次も超えられるのか。江頭さんはさっそく「次は東京ドームだ！」と宣言してしまいましたが……正直、今はわかりません。でも、超えたいなとは考えています。「エガフェス2022」が終わった時、すべてを出し切った感もあって、自分自身でもこれ以上のものが作れるかなんてまったく想像できませんでしたが、結果は、実現できた。

この2年間に僕たちがやってきたこと、そして今の僕たちができること、それは「明日アップする動画を面白くすること」だけ。目の前にある1つひとつを実直にずっと続けていれば、また2年後に絶対に大きなフェスができるはずだ……。その思いで地道に1本ずつの動画に全力を尽くす。一見すると同じ日常ですが、懸命に続けていくと、さまざまなことがつながり広がって、いろんな人が手伝ってくれるようになる。そうやって、僕ができること、「エガちゃんねる」ができることの規模が大きくなっていくと思います。

ヒットを1本ずつ積み重ね、日米で4000本以上のヒットを打った元メジャーリーガーのイチローさんは、「たしかな1歩の積み重ねでしか、遠くへは行けない」と語っています。まさに、その精神が次のエガフェスにつながるのだと信じて。

その過程では、失敗もたくさんあるでしょう。かっこ悪い結果を生むことだってあるでしょう。でも、江頭さんは「エガフェス2024」の最後で、集まってくれたあたおかに対してこう言っていました。

「ずっと、かっこ悪いはかっこいいんじゃないかと思ってた。きょうのお前らは最高にかっこ悪かった。だから、かっこ良かった。かっこつけんなよ。かっこ悪く生きようぜ」

ブリーフ団座談会

L・M・Sが語るD&番組の裏バナシ

ブリーフ団

L ブリーフ団最年長。最近エガちゃんねるファンの女性と結婚。

M 江頭のマネージャーも務める。もうすぐ彼女と結婚予定。

S 恋愛経験0のブリーフ団最年少。

L 今日は3人だけの座談会ということで、この本的に藤野くんの話からいきますか。まず思うのが、めちゃめちゃ細かいよね。エガフェスでも公式サイトに載せる文言の一言一句とかまで全部チェックして、そこは

もう任せればいいのにっていうところも全部自分でやるのがすごい。だからこそ今回のエガフェスの成功があったんだと思う。

M それだから仕事量は半端ないですよね。エガフェスで僕はグッズ担当だったから、いつも藤野さんとデザイナーさんと3人で会議してたんですけど、それ以外にもたくさんある、いろんな担当の会議に全部出てて細かくチェックして……と、かなり忙しかったと思います。

S こだわりもすごいですよね。以前、プロレスネタの撮影の時に、メインチャンネルの予定で撮ったんですけど、編集してみたら「ブリーフ団のプロレスが茶番っぽくて観ていられない」ってなっちゃって。それでサブチャンネルで公開することになったんですが、実況する人をもう一度呼んで実況そのものを追加で録って。サブチャンネルになるのに、そこまでやるんだ……って。で、その結果、300万再生いったのであらためてすごいなと思いました。

M こだわるからこそ緊張する相手でもありますよね。僕は、怒られることもしょっちゅう（笑）。台本のダメ出しとか。

L でも、直し指示はふわっとした感じじゃなく、「ここはこうだからこうして」って、ちゃんとロジックを言ってくれるから、納得はいくよね。

M 僕の場合、台本を送るとすぐに電話がかかってくるんですよ。1、2ページ読んだ段階で「江頭さんやブリーフ団の、そもそものスタンスが違う」と、即かかってきたり、細かい言い回しなど細部にわたるまで……。絶対何か言われるとわかってるので、一度ゆっくりと深呼吸してからスマホを手に取ります（笑）。

L ダメ出しの内容はどんなのだったの？

M えーっと……もう……何も覚えてないんです……。基本毎回なんで（笑）。けれど、怒ったあとに、普通に「おう」って感じでくるのが藤野さんなんですよね。全然引きずらないのが救いです。僕はまだ若手だった頃に「トゥルルさまぁ～ず」っていう番組でチームに入れていただいて育ててもらった恩がありますし、言われているうちが華であって、言われなくなったら終わりだなって思ってます。

S 僕もロケ中にダメ出しされる回数はまったく減ってません（笑）。でもそれがすごくていねいで細かくて、いつもたしかにそうだなって思ってます。

M 逆に、藤野さんにホメられたことってあります？

L 地方ロケに行った時の「お土産の選び方がいい」って（笑）。

M 僕は、自分が言ったコメントが大きめのテロップ、強調テロップになっていた時は嬉しいですね。「Dが認めてくれた！」って。こういうのSもあるんじゃない？

S ないですね……。採用率が極めて低いんです（笑）。

M 「出役」としてやっていて、しんどかったなっていうのはなんですか？

L ああ、それはやっぱり激辛が……。マジできつい。何回かやっていてみんな全部完食してたんだけど、五反田の担々麺で初めてリタイアした時は本当につらかったね。お腹がずっと痛くて。トイレにこもって、これはもう無理だなって。

M 僕もやっぱり激辛と大食いです。肉体的にきついことはたいがい大丈夫なんですが、内臓系が……。

S 僕は久米島でのマグロ釣りのロケですね。藤野さんが船酔いして、唯一ロケを離脱したのがこの時なんですけど、じつは僕も船酔いでカメラも回せないって状態になってしまって。けど、僕まで抜けるわけにはいかないなって思って、みんなで交代しながらカメラ回してなんとか……。

L めちゃくちゃきついんだけど、ゾーンに入る感じの時ってあるよね？

M それはありますね。富士登山は下山が

きつかったですがそんな感じでした。

S たしかに、その富士登山はマスクをかぶりながらっていうのがきつかったです。口も鼻も穴は開いてるけど、なんだか呼吸が苦しくて。けど、生配信中はなんとか乗り切りました。

M ホノルルマラソンの時は走ったあと、全員つぶれましたね。皮膚というより体の中全部が炎症を起こしたように熱が出て、2日間くらい風邪みたいになって動けなかったです。

S あと僕は、最初、街ロケがきつかったです。あの格好がすごく恥ずかしくてもじもじしてましたね。どこかのタイミングで少しずつ慣れてきたんですけど。

M 僕も最初めちゃくちゃ葛藤ありましたね。緊張しちゃうし恥ずかしいし。そういうの

L が苦手だから裏方になったのに。でも、江頭さんのためならやるしかないかって。

L そもそも「ブリーフ団」って、「BeeTV」でやってた「エガちゃんピン」っていう番組で原型ができたんだよね。当時は「ブリーフ一族」っていう名前だった。まだL・M・Sとかはなく、個性いっさいナシの黒子として。

M 普通にドンキで売っているショッカーの衣装にブリーフをはいて。

L その頃は当時のADくんが入ってたんだけど、「エガちゃんピン」の次にやった「エガちゃんマン」っていう番組で、江頭さんがバンジージャンプでダッチワイフをキャッチする企画があって、僕はそれを投げる役で初めてブリーフ一族になった。

M 「出役」になると、それまで全然気にしてなかったことに気づきますよね。声が小さいとか噛んだりとか。僕がよく藤野さんに指摘されるのは、編集を気にせず話してしまうこと。会話がかぶるとか、「そして」などの接続詞を言わないとつながらないとか。このあたりは、ブリーフ団をやってみて初めてわかりました。

L 最初は裏方が出しゃばるのはよく見えないだろうっていうのがあって、目立たないように、あまりしゃべらないようにしていたんだよね。そしたらある日、藤野くんが「もっとしゃべっていこう」って、演出的に。

S 頭に書いてある文字も、最初はL・M・Sじゃなくてただ「ブ」だけでしたよね。けど、それがだんだん3人の個性が出てきて、誰がどれだかわかったほうがいいってなって変えたんですよね。

M それで、出続けてたら、今やファンレターを頂くことも……。ありがたいことに「L推し」「M推し」「S推し」「D推し」っていますからねえ。イベントとかであたおかの方に会うと、「私は○推しです!」とか言われたりしてびっくりですよね。

S Dさんのカラーがオレンジなので、エガフェスに全身オレンジで来た熱狂的な「Dさん推し」もいましたね。

M それで言うと、Lさんなんて「L推し」と結婚しましたもんね!

L 本当にありがたい話です。Sはそういうのないの?

S ユーチューブの中の僕を見て言ってくれている わけじゃないですか。なので、顔も知らないのに好きとか言ってくれるのは本当にありがたいんですけど、実際に会ったら嫌われそうで……ちょっと……。

M Sが「たべっ子どうぶつ」が好きだっていうのを藤野さんがブログに書いたら、「S推し」から「たべっ子どうぶつ」が届いたりもしたよね。

S あ、ありがとうございます……。

L オレもあたおかの方々から結婚祝いをたくさん頂きまして、本当にありがとうございました。

M でも、Lさんが結婚したら「L推し」が一気に減りましたよね。ブリーフ団グッズの中で一番売れていたのに、結婚したら一番売れなくなった……。

S 彼女がいることを隠して人気をキープして

いたのは「ロマンス詐欺」だって、藤野さんに言われてましたね（笑）。

L 違うって（笑）。ところで、動画UP後、コメント欄は見てる？

M 見てます。基本的にはみんなホメてくれることが多くて嬉しいんですが、まれに落ち込み系もあって。Sがいつもナレーションをやってる麻雀の動画で、病気のSに代わって僕がやったら、「やっぱりSさんのほうが」ってコメントがめちゃくちゃあってショックでした。

L じゃあ最後に、「エガちゃんねる」に出ていて良かったなあって思うことはある？

M エガフェスで、普通はなかなか上がれないステージに上がれたのは感無量でしたね。サンボマスターさんなんか普通にライブ観に行ったりしてるのに、横で一緒に写真を撮ってもらったり。氣志團さんも学生時代めちゃめちゃ歌っていたんですが、今、同じステージで一緒に歌っている……！　みたいな。

L オレは、江頭さんと一緒に仕事ができてるってことはもちろんなんだけど、結婚したことになっちゃうかな（笑）。

M Sは？

S ……。

L なんかあるでしょ？

S …………。

L・M ないんかい！

3章
悪戦苦闘！
ディレクターとして譲れないもの

35 「エガちゃんねる」はネタ切れ？なめんな。

4年もチャンネルを続けていると、コメント欄で「『エガちゃんねる』はそろそろネタ切れか？」なんて言葉を見ることがあります。これに関しては声を大にして言いたい。「なめんな」と。

ネタなんて、最初の1～2ヶ月で使い切ってます。そこから「エガちゃんねる」は、4年間ずーっとネタ切れ状態です！　4年間ずーっと「次何やろう？　次何やろう？……」と悩み続けてやってきました。ネタには鮮度がありますからストックなんてありませんし、同じことを何度も続けていれば飽きられてしまう。

毎日毎日、悩みながら、江頭さんやブリーフ団とネタを出し合って、話し合いを重ねながら、ギリギリなんとか週2回の動画を作り上げている状態です。そこんとこ、よろしくお願いします。

36 うまく形にならなかった企画 どうにか実現できた企画

ネタのストックはない……と言いましたが、ずっと仕込み中でまだ日の目を見ていない企画、思いついたけれど実現しなかった企画はいくつもあります。

今のトレンドであれば、やっぱり「エガ谷翔平」。ただ、何と何の二刀流を極めることが江頭さん的に面白いことになるのか、などなど、まだまだ詰めなくてはならない課題が多く、実現できていません。この本が出る頃には実現できているかもしれないし、まだずっと時間がかかるかもしれません。

ほかにも最近ですと、「江頭、会社を買う」という企画は、一度はみんなで盛り上がったものの、あきらめたことの1つ。大人のための等身大人形「リアルラブドール」でおなじみの会社が経営状態悪化のため会社を売りに出している、というニュースが入ってきました。この会社を江頭さんが買い取る企画は面白いのでは？と。買い取り交渉からドキュメントで見せていき、江頭さんプロデュースの爆乳ラブドールを作ったり……とみんなの妄想は膨らんでいきました。

しかし冷静になって考えてみると、本家だってあれだけ有名な会社でありながら、ここ数年は赤字続きで事業終了を選択したわけですから、それなりの経営手腕がないと、さらなる赤字を生み出してしまうだけ。我々が面白半分で手を出したところで絶対に失敗するでしょう。我々の本業はお笑いですから、そっちに時間を取られてしまっては本末転倒だということであきらめました。

ほかには、「LINE検索ドボンゲーム」。江頭さんは「エガちゃんねる」が始まってからLINEを始めたのですが、今では大人のお店のお姉様方を中心にLINEをフル活用しています。そこで、LINEの検索機能を使って、江頭さんが実際にお姉様方に送っていそうな文言……「おっぱい」や「会いたい」といったワードを順に検索していき、履歴数を徐々に減らしていって、増えてしまったり0だったらアウト、というオリジナルゲームです。しかしこちらは、江頭さんから「LINEを見られるのはさすがに無理!」とNGが出てしまいました。普段、お尻の穴を出すこともいとわない江頭さんであっても、さすがにＬＩＮＥをすべて見られるのは恥ずかしいようです。

逆に時間はかかったもののなんとか形になったのは、通販会社「夢グループ」のパロディ企画「エガグループから大切なお知らせ」[1]です。石田重廣社長と歌手の保科有里さんの掛け合いが面白い「夢グループ」。そのパロディで、おバカな商品を紹介することはできないか？というアイデアが出発点。江頭さんが「エガ田社長」に扮するとして、次に考えるのはアシスタントの保科さん役は誰にするか？　ここは企画の成否を分ける大事なポイントです。人選を何人か考えていった中で、「ちょっと待って。そもそも本物の保科さんは出てくれないのか？」「ひょっとしたら可能性があるかも」。

本物の保科さんが出てくれたら、コントなのか現実なのか、観ている人がいい意味で困惑する不思議な世界ができるかもしれない。ダメ元で聞いてみよう！ということで、本当にダメ元で連絡をしてみたところ、まさかのＯＫ！　さらには「夢グループでいつも使っているスタジオもよかったら使ってください」という寛大なおまけ付き。そんな夢グループさんの懐の深さによって実現したロケでは、石田社長御本人がまさかの乱入、という想定外の出来事が！　それもこれも、本物のスタジオで撮影できたから起きた嬉しいハプニ

1

ングでした。

この「エガグループ」で何が産みの苦しみだったかというと、「エガグループ」というパッケージのアイデアまでは出るのですが、紹介する商品のネタ案が難しい。会議でアイデアを出し合っては「これでは面白くない」「ネタが弱い」「見たことがある」とボツになることがほとんど。逆に攻めすぎて「下品すぎる」「暴力的すぎる」とボツになるパターンも。

結果的に、「エガグループ」を思いついてから実際にロケをするまでには数ヶ月かかりました。

こういった動画は僕の経験上、再生数が伸びにくいと思っていたのですが、この動画はサムネとタイトルのインパクトがあったのか、公開後すぐに100万回再生を突破。コメント欄でも「爆笑した」「腹を抱えて笑った」「神回」といった声をたくさん頂けて報われました。

37

ロケだから大変、という誤解 下品な動画ほど手間暇がかかる

好評頂けた夢グループのパロディ「エガグループ」。コメント欄には「こういうのをもっとやってほしい」といった声がたくさんありました。

みなさん、わかります。わかっています。僕もこういうネタが好きですし、できることならこういう動画ばかりを作っていたい。ただ、そう簡単にはいかないのです。「エガグループ」のようなことをやりたい、とすぐに思いついても、実現するまでに何ヶ月、なんてことはザラ。難航したものでは、あの世界的大ヒット映画をオマージュした動画「【エガー・ポッター】禁断の黒魔術を解放せよ！」[1]も、パッケージを思いつくまでは簡単ですが、チャレンジする魔術のアイデアが難しい。さまざまな魔術案を会議で出し合っては「なんか面白くない」という日々が続き、会議で「いけるかも！」となっても、実際に試してみるとうまくいかなかったり、つまらなかったり……。この動画に限らず、同じことがしょっちゅうあります。

それでも「エガー・ポッター」は実現できたので良かったほうで、パッケージは良かったのに中身でいいものが見つからずにボツになった企画は山ほどあります。それくらい、企画ものやパッケージものはほかのネタに比べて圧倒的に大変です。そして、いざ頑張って作っても再生数が伸びないという悲しい現実も。

それこそ、海外ロケや地方ロケのほうが大変そう、と思われがちなのですが、じつはそちらのほうが圧倒的にラク……と言ったらちょっと語弊《ごへい》がありますが、使う脳ミソがまったく違います。ロケは場所さえ決まってしまえば、現場に行けばなんとかできる。それこそ、福岡で何か美味しいものが食べたいね、北海道で何かやりたい！と思いついたら翌週にでも実現できてしまいます。もちろん、編集段階での苦労が多かったりもするので、産みの苦しみが違う、という感じでしょうか。

あたおかのみなさんにはぜひ、下品な動画ほどじつは手間暇がかかっていて大変、という目線で観ていただけると、我々としても作りがいがあります。

38

40代、時間と心にスペースを作る ブレない江頭さんの働き方

学生時代から憧れを抱き、ＡＤを経て、念願叶ってたどり着いたテレビディレクターという職種。多い時は５本のレギュラー番組を担当していました。ただ、その時はほぼプライベートの時間はゼロ。企画を考え、リサーチを重ね、台本を作り、収録をして、編集をしての毎日で、まさに綱渡りの自転車操業の極みのような働き方でした。

２０２０年に「エガちゃんねる」を始めて丸４年が過ぎようという今、僕も40代中盤となり、働き方はかなり変わりました。動画公開の前日は編集作業で１日かかりきりになりますが、それでもある程度ゆとりを持ちながら、プライベート・家族との時間も持ちながら、昔のような「寝る時間がない」というような状況にはならずにいられています。

そして僕にとって今は、時間的にも精神的にも、いくばくかの余裕を作ることが大事だと思っています。20代、30代のギリギリの状態で仕事をしてきたことは今となっては大き

な財産になっていますが、今は自分の時間と心に余裕があるからこそ、新しいチャレンジにも着手できる。人間、両手が空いてない状況ではすぐには動けないし、チャンスを摑みにいけません。「エガちゃんねる」で何か面白そうなチャレンジができるのであれば、すぐそれに飛び込める状態でいたい。エガフェスをできたのも、余裕があったからこそだと思います。最近は、自分の心にもスペースというか、余裕を作らなければ、の意識で日々を過ごしています。

そして江頭さんは、「めちゃイケ」「みなおか」『ぷっ』すま」という準レギュラー番組が揃って終了した2018年以降、本当に仕事がなくなって大変な時期がありました。でも、「エガちゃんねる」によってどん底状態を抜け出し、大好きな大人のお店にも気兼ねなく通える日々。むしろ、まもなく還暦を迎えようという芸人生活で、今が一番忙しいそうです。

ちなみに、どんなに忙しくなっても大人のお店に通う頻度は変わっていないという江頭さん。今でもブレることなく週2～3のペースで通っているそうです。海外ロケのあとは日々お世話になっているお姉様方にお土産を配ることもルーティン。

台湾ロケの際、少しお疲れだった江頭さんには、行きの飛行機を僕らよりも遅い便で手配して、少しでも休んでもらおうと配慮したつもりが、それではお姉様たちへのお土産を買う時間がない!とマネージャーでもあるブリーフ団Mに「代わりにお土産を買っておいて」と頼んでいました。その時Mが「何人分あるといいですか?」と尋ねると、「11人分買っておいて」と返事をしていた江頭さん。ざっと10人ではなく、きっちり11人という正確さが江頭さんらしいですね。

ありがたいことに、最近では地上波のトーク系の番組や対談系の番組からも「江頭さんに出ていただきたい」という依頼を受けることもあります。が、やはりそれらは江頭さんらしい仕事ではありませんので、江頭さんは絶対に断ります。そこは芸人・江頭2:50としてブレることのない働き方です。

39 レッドオーシャンには飛び込まない「マーケティング」はチャレンジの逆

「エガちゃんねる」の総合演出として、時にユーチューバーが集まるカンファレンスのような会合でスピーカー役になる機会があります。といっても、「エガちゃんねる」はユーチューブの常識とは真逆のやり方だったりするので、一般的な視点でタメになる話がそもそもなかったりもするのですが……。

「再生数を上げるためには何時に投稿するといいですか？」といった質問をされても、どうお答えしていいのやら、という感覚です。一般的に、19時から21時がユーチューブのゴールデンタイム、と言われていることは知っています。カンファレンスでも、ユーチューブコンサルタントみたいな人が「19時〜21時です」と答えている場に遭遇したことがあります。でも、僕にはどうもピンときません。みんながみんなその時間帯に投稿したら、もうそこはゴールデンというよりも、競争の激しいレッドオーシャンではないでしょうか。

ちなみに「エガちゃんねる」の場合、動画投稿はほとんどの人が起きていないであろう、深夜2時50分。こんな時間帯に投稿するチャンネルなんてまずありません。これは考え方によっては、次のゴールデンがやってくるまでは競争相手のいないブルーオーシャンとも言えます。たしかに、公開直後のド深夜は再生回数が伸びにくいですが、朝起きてから観る人もいるし、朝・夕の通勤時間帯に観る人もいれば、お昼休みに観る人もいる。この長時間はライバルが少ない状況なのではないでしょうか。

そもそも、「定説」や「マーケティング」は、前例を踏まえて導き出されるもの。でも、何か新しいことに挑戦する場合、前例を踏まえた「マーケティング」理論だと、それはもう遅いのではないでしょうか。もはやそれはチャレンジでもなんでもない。

動画公開の時間帯だけでなく、「テレビ的な編集は嫌われる」と言われていた中、そんなことは無視して、自分のストロングポイントであるテレビ的な編集で勝負してみました。また、定説により「ユーチューブは毎日投稿したほうがいい」が当たり前でしたが、テレビクオリティの編集をしようとすれば、毎日投稿は無理。なので、チャンネル開設当初は週3回の投稿、それでもカツカツで余裕がなかったので、すぐに週2回の投稿に変更しました。最近のユーチューブは全体的に、週1回や週2回アップのチャンネルが増えてきたと感じます。その点はひょっとしたら「エガちゃんねる」の影響も少しはあるのかもしれません。

40

「壁」に見えたものは次のステージへの「ドア」である

カンファレンスのような場に出席した際に、ユーチューブのイロハよりも大事なこととして、考え方を伝えることがあります。項目の1で書いた「一日一不自然」もそれです。先日は参加者から「やりたいことがあるけどいろんな壁があってどうすれば……」というような相談をされました。その時に僕が話したのが、「一見『壁』に見えるもの、それは次のステージへの『ドア』かもしれない」という考えです。

「エガちゃんねる」は、誕生までにさまざまな「壁」にぶち当たりました。そもそも、江頭さんと何か面白いことをしたい、と企画書を作っても、コンプライアンス至上主義の今の時代、キー局・地方局にかかわらず、地上波テレビはもちろんダメ。盛況な映像プラットフォームに企画書を持っていっても苦い顔。携帯電話のキャリアなどが展開する媒体でもけんもほろろ。仮に現場担当者が面白がってくれても、決裁権のある上の人たちから止められる。どこに行っても壁ばかりの行き止まり状態で、最後の最後にたどり着いた場がユーチューブでした。

そんなユーチューブでしたが、自分たちだけの責任でなんでも自由にできる。上司のハンコも不要。広告審査に落ちて凹《へこ》むことはあるけれど、当座のお金さえ目をつむればやりたいことはとことんできる。つくづく、ユーチューブという場で「エガちゃんねる」を始められて良かったと実感しています。さまざまな壁にぶち当たったおかげで、ユーチューブという次のステージのドアが開きました。

ちなみに、この先に出てきそうな「エガちゃんねる」にとっての新たな壁は……。2025年には「江頭さんの還暦」という大きな節目が待っていまして、還暦＝「年齢の壁」があるかもしれません。あまりそれを言うと江頭さんに怒られそうですが(笑)。しかしその壁はきっと、新しいステージへのドアになるはずです。

今、何か大変なこと、うまくいかないことに遭遇しても、あきらめずに動き続けていれば、きっとそれはどこかで次のステージへの「ドア」になる……そんな発想で頑張っていきましょう。

41
ツッコミテロップの流儀
下品と知性の二刀流

この業界に入るきっかけになった番組の1つ、『ぷっ』すま」。学生時代から大好きで、のちにADとして入り、ディレクターへと育ててもらえたのですが、中の人間になってわかったのは、自らは動かない2人、ユースケ・サンタマリアさんと草彅剛さんをどう面白くするかを、スタッフが考えに考えて作っていた番組だということ。

そのスタッフの腕の見せどころの1つが、編集で加える「ツッコミテロップ」です。収録現場ではもう1つハネなかったとしても、ツッコミテロップ1つで驚くほど面白くなる。まさに、「編集」の出来いかんで番組が変わることを学べました。そして、『ぷっ』すま」で学んだこのツッコミテロップは、「エガちゃんねる」においても大きな武器になっています。

「エガちゃんねる」の編集は、基本的には、まず後輩のディレクターが編集したものを僕が引き取って最終的に仕上げる、という形で進めていまして、そこでツッコミテロップを直すことも多いです。

たとえば、「【超巨大めし】250人前の「至高のチャーハン」[1]を作ってサプライズしてみた」[1]で江頭さんとブリーフ団とでチャーハンを作った際、湯気で画面全体が真っ白になったのですが、僕が引き取った段階では「真っ白！」とか「モクモク。」みたいなツッコミテロップが入ってました。もちろんそれも状況を伝えるテロップとしてはいいのですが、僕は「ち〇こ出せそう。」というテロップに修正しました。状況説明から1つ先に進むと、それが笑いにつながります。

ほかに、「江頭、初めてのスーパーマリオブラザーズ」[2]では、普段ゲームをしない江頭さんなので、下手すぎて、空中に浮いてるハテナブロックから出たファイアフラワーがジャンプしてもなかなか取れない。そこではもともと「全然取れない。」みたいなツッコミテロップが入っていたのですが、高いところにあるファイアフラワーだけに「高嶺の花。」というテロップに変えてみたり。「下品」なツッコミと「知性」のツッコミ、二刀流でやらせてもらってます（笑）。

2 1

ただ、「エガちゃんねる」を始めてもう丸4年。経験を重ねてきたことで、僕以外のディレクターが入れるツッコミテロップでも秀逸なものがどんどん生まれています。江頭さんにドッキリで下半身の健診を受けてもらった動画「江頭、信じられない病に侵されていた」[3]では、診察台の上で四つん這いになった江頭さんのお尻の穴に体温計を刺し、そのままの状態で病院内を移動するシーンで「けつあなトレイン」というテロップを後輩のディレクターが入れまして、これは秀逸でした。観た人が後日、「あ、『けつあなトレイン』の回ね」と思い出せるくらいキャッチーなフレーズで、コメント欄でもそのワードで盛り上がっていました。

テロップには視聴者に「動画で起きている状況」をもう一歩踏み込んで深く観てもらうために入れるものもあります。

たとえば、江頭さんのお母さんに花束を渡しに行った動画「【実家】母に会いに行きました」[4]でのこと。江頭さんがサービス精神で「肩でも揉もうか」とお母さんに提案して、「いいよ」「いや、揉むよ」とお互いが恥ずかしがり、遠慮しつつ肩を揉む場面がありました。その時に僕が「江頭さん、お母さんの肩を揉んだことなんてあるんですか?」と聞いたと

4 3

ころ、「いや、初めてですよ」と江頭さん。その場面で、後輩ディレクターが仮編集をしてくれたものには「江頭、初めての肩揉み」というテロップが入っていました。もちろんそのテロップもいいのですが、もう一歩、この独特な空気感を表現できないかと思い、僕は「カメラがあるから、逆にできることもある。」というテロップに変えました。

自然体を撮るのがドキュメントだとしたら、今そこには、ドキュメントとは逆のことが起きている。ドキュメントは、普段やらないことは映さない。けれどここでは、普段は恥ずかしくて無理なのにカメラがあったおかげでやりたかったことができた。そんな江頭さんとお母さんの関係性、江頭さんの照れ臭さを視聴者にちょっと感じてもらうためのテロップです。

そんな感じで、ディレクターは数秒しか映らないテロップ1枚にまでこだわっていたりします。

42 一番気をつかっている「音楽選び」「日本一の音効になれる」の気概で

「ツッコミテロップ」同様、編集の際に力を入れていることが「音楽選び」です。これまでにもイベントや取材などで「編集のこだわり」の話題になった時、「具体的には？」と質問されると、僕はよく「音楽です」と答えるのですが、あまりピンときてもらえません（笑）。けれど正直なところ、「エガちゃんねる」ほど音楽に気をつかっているユーチューブを僕は見たことがなく、「もったいないなぁ」と思っています。編集で笑いを作っていくうえでも音楽は大事なポイントですし、「観て良かった」と思える動画には音楽による余韻も欠かせません。僕らが契約している音源サイト「オーディオストック」には使用できる楽曲が100万曲以上もあり、その中から何をチョイスするかにけっこう時間をかけています。

テレビ番組であれば、この「音楽選び」を担う専門として「音効さん」という人がいます。しかし「エガちゃんねる」立ち上げの時に、予算の関係で音効さんを雇うことはできず、ディレクターが自分でつける方針にしました。ただ、僕にはテレビ時代にプロの音効さんと20年近く一緒にやらせていただいた経験がある。時には、つける音楽、効果音の意見が食い違ってぶつかることもありました。そんな経験を元に「エガちゃんねる」がスタートしてから4年間、週2本の動画に音をつけ続けてきているので、今では「日本一の音効になれる」くらいの自負はあります(笑)。それくらい、数あるユーチューブチャンネルの中でも一番、音楽にはこだわっているのではないでしょうか。

100万曲から選ぶといっても、ある程度使用頻度の高い曲もいくつかありまして、パソコンの作業フォルダでは、ドキュメンタリー系、バトル系、ポンコツ・マヌケ系、青春系、和風・神秘系……といった形で、すぐに使えるように分類してあります。

その中でも、ここ一番でかけたい「勝負曲」のようなお気に入りBGMもあります。たとえば、「江頭、佐賀に帰る。」[1]や「【佐賀バルーンフェスタ】江頭、35年越しの夢を叶えた日。」[2]などの地元企画、「江頭、寺門ジモンと最高の朝食を食べに行く」[3]の回で2人が「お笑いウルトラクイズ」を懐かしんで話す場面で入れた郷愁を誘うBGM。ノスタルジックな空気感がなんともいえない名曲なのですが、それだけではなく、切なさや哀愁の中に「それを力にして前に進んでいく強さ」みたいな青春感もあって、僕が大好きな曲です。

ほかにも、「【1周年スペシャル】スカイダイビングで〇〇する男【上空3800mから

3　2　1

の挑戦】」[4]で飛行機から飛び降りた瞬間、花火大会のダイジェスト版「真下から見る打ち上げ花火は言葉を失うほど綺麗でした。」[5]で最後の一発が打ち上がる瞬間、前述の（項目16）佐賀バルーンフェスタで飛び立つ瞬間……この3つの場面で流した曲はどれも一緒で、これも僕の「勝負曲」です。最近では、ごくたまにではありますが、コメント欄でも音楽のことをホメてもらえることがありまして、それを見つけると嬉しくなります（笑）。

この場面はこの曲で間違いない！と自信を持っていける曲がある一方で、どの曲がいいかなかなか決まらず、悩み倒すことも少なくありません。韓国でロケをした「【江頭史上1位】最高の韓国屋台めしを食べ尽くす！ Seoul Street Food」[6]の動画では、「韓国っぽい曲ってなんだ!?」とかなり悩みました。中国やインド、日本、フランスっぽい曲、といえば多くの人がなんとなくのイメージを共有できると思うのですが、韓国っぽい曲でピンとくるものってなくないですか？　しいて言えば「冬のソナタ」ですが、食べ歩きしている楽しい雰囲気にはハマらない。最終的にはK－POPっぽい曲を選びましたが、「K－POP」とひと口に言っても曲の振り幅が大きく、なかなか決められなかった記憶があります。

注目されることは少ないけれど、じつはとても時間と労力をかけている音楽選び。その観点でも「エガちゃんねる」を観ていただけると、違った楽しみ方が生まれるかもしれません。

6 5 4

43

「エガちゃんねる」で継承した「『ぷっ』すま」の効果音

音効さん的な仕事に関しては、音楽だけでなく、笑いを作るうえで大切な「効果音（SE）」にも時間をかけています。けれど、思い浮かべている音はあるのに、それにピタリとハマるSEが見つからず悩んだのが、「【つけ麺】江頭、初めての二郎系ラーメン4」[1]でのこと。イメージしていたのは、「『ぷっ』すま」で何度も使っていたSE。そこで、何年振りかで「『ぷっ』すま」を担当していた音効さんに電話をかけ、当時のSE音を口頭で伝え、「エガちゃんねる」で使いたい旨を伝えました。僕としては、プロの音効さんからデータをもらうわけですから、使用料・謝礼をお支払いするつもりでしたが、「藤野くんならいいよ！」と無償でデータを頂けました。こうしたみなさんのやさしさと心意気にいつも助けられています。しかも、そのやさしい音効さんは、僕が伝えたSE以外にもいくつかの「『ぷっ』すまSE」を送ってくれました。今後の「エガちゃんねる」で登場させていきますので、もし気づいたらコメント欄でひと言もらえると嬉しいです！

1

44 音楽や効果音で作る笑い

音楽やＳＥの力で笑いを作った事例を、「スシローに呼び出された」[1]という動画でご紹介します。一時期、スシローさんの店内で醤油ボトルや湯呑みを舐めて元の場所に戻す、という迷惑動画が拡散され、スシローさんが大ダメージを受けるという、ちょっとした社会問題になったできごとがありました。

「エガちゃんねる」では、スシローさんにはロケでお世話になったこともあるので、何かできることがあればとは思っていたのですが、正面切って「救いたい」「力になりたい」は恥ずかしい。そこで、ちょうど案件依頼があった植毛の話題をメインテーマとすることにしました。本当は江頭さんに植毛してほしい、という希望の案件でしたが、江頭さんが植毛してかっこ良くなってしまったら、お笑い芸人としては本末転倒。そこで、マスクを脱ぐとじつはツルツルのブリーフ団Ｌが、江頭さんの代わりに植毛の案件を受けに行った時の話を、寿司をつまみに江頭さんに報告する、という内容です。

1

実際にスシローさんでロケをした動画は、江頭さんとブリーフ団のおっさん4人で寿司を食べながら植毛の話をするという、なかなかゆるすぎる内容です。しかし、この植毛というゆる～い内容が、音楽の力を加えると、壮大なストーリーに変貌します。

たとえばブリーフ団Lが、髪が生えたらアフロにしてみたい、と夢を語るシーンでは、夢に向かって頑張っているようなカッコいいBGMをチョイス。結果的にもともとの残ってる髪が少なすぎて植毛はできなかった、というオチでは、哀愁のあるちょっと切ないジャズをかける……。しょうもない話を、さも壮大なストーリーのように編集することによって、さらにそのくだらなさが引き立ちます。

ジャズを流す場面では、哀愁のあるテロップの出し方にもじつは細かくこだわっていまして……。まずは真っ黒な画面を出し、少し溜めてからテロップの文字を浮かび上がらせる。その間は1秒なのか、15フレーム(1秒の半分)なのか。感動的な内容であれば1秒か2秒の間があっても観ていられるのですが、笑いのボケで2秒は長い。1秒でも長い。ということで15フレに落ち着きました。

そんな感じで、テロップは文言だけでなく「出し方・消し方」も意識しているのですが、自信のあるツッコミテロップだとついつい長く表示しがちになってしまいます。ただそれは、やりすぎると「さぁ、このテロップどうですか！　面白いでしょ！」感が出てしまうんですよね（笑）。気に入ったボケを何回も言っちゃう、みたいな。なので、そこは冷静になって長くなりすぎないように注意してます。

話を音楽に戻すと、感動的なシーンに、コテコテの感動的な音楽を流すのもどうかと思うんですよね。「はい、ここは泣くとこですよー！」という意図が透けて見えると、逆に冷めてしまう。僕自身が引いてしまうし、視聴者からしても「ちょっとサムい」と感じてしまうでしょう。音量ボリュームにも注意が必要で、大きすぎると泣かせたい意図が出すぎてしまうので、うっすら聞こえる程度に……といった感じで、感動的な場面では気をつかうことが多いです。そもそも「エガちゃんねる」はお涙頂戴番組ではなく、お笑い番組なので……。

45 「プレミアが使える＝編集ができる」でいいのか問題

今や、ほとんどの芸能人がユーチューブをやっている時代になりましたが、その人の知名度の割にうまくいっていないチャンネルが多いかもしれません。その原因の1つとして、「編集」というものを甘く見ている、安易に考えているような気がします。

かつてはテレビの世界でも専門職だった「編集」という職種は、動画編集ソフト「プレミア」（Adobe Premiere Pro）の普及で大きく変わりました。利用料金はもちろん発生しますが、パソコンさえあれば誰でも始めることができる「プレミア」によって、芸能人のユーチューブでは、座付きの放送作家さんが兼業で担当したり、タレントのマネージャーさんが編集したり……なんてことを聞いたことがあります。

ただ、「プレミアを使える＝編集ができる」という考え方が大きな問題かなと。編集って、お笑いって、そんな簡単なものじゃない。

本来の「編集ができる」とは、ちゃんと構成を立て、フリやオチを作り、そのために順番を入れ替えたり、ナレーションで説明を加え、展開を作り、テロップでも笑いを足していく。こういったことまでできて僕は初めて「編集ができる」と考えています。道具が使えればOK、という考え方だと、悲しい仕上がりのVTRになってしまいます。結果として、数々のタレントさんがユーチューブで苦労しているのだろうなと推察します。

「『エガちゃんねる』の編集をやらせてください！」というお声がけをちょこちょこ頂くのですが、基本的にはすべてお断りしています。現在「エガちゃんねる」の編集をしているのは、テレビ業界の中でもトップクラスの編集の腕がある人たちばかりで、大変申し訳ないのですが、「あなたのレベルではお任せできない」というのが現実です。

素材を面白くするのも潰すのも、編集次第。「編集」という仕事の奥深さ、重要性がわかると、動画のクオリティも変わってくるのではないかと思います。

46 長尺動画を飽きずに観てもらうために

「エガちゃんねる」では1時間近くに及ぶ長尺動画も珍しくありません。こういった長尺ものは前編・後編に分けて公開するチャンネルも多いのでしょうが、「エガちゃんねる」では分けずに公開しています。そしてこうした長尺動画こそ、長くても飽きさせずに最後まで楽しんで観てもらえるようにロケ&編集を意識しています。

具体的な例を、「ガツンと！」アイスを離島で配る「江頭の乱」シリーズでご紹介します。

初回の伊豆大島編「【江頭の乱】アレが無い島にアレを届けたら大変なことになった」[1]は42分、第2弾の「【江頭の乱】五島列島にアレを届けたら大変なことになった」[2]は59分の長さです。さらに、アイスを1人1本ずつ計250本配る、という企画は、基本的に同じ工程の繰り返しなので単調になりがち。最後まで飽きさせずに観てもらうにはテンポ（緩急）が重要で、【現場】で、さらに【編集】で、2段階で調整していくことになります。

まず、【現場と編集で意識すること】はこんな感じです。

①最初に基本的な流れを見せる→②飲食店でも配ることで地元の料理を見せる→③変

2　1

化の少ないところはダイジェストに↓④人がいなくて困難な場面を見せつつ↓⑤たくさんの人が集まってきた場面でラッシュ（＋感動的なBGMでも盛り上げ）↓⑥休憩がてら温泉に入って全裸プロレス（コアのファンに刺さる笑い）↓⑦高校にアポなしで突撃！（まったく違う世代、若者を意識）↓⑧そしてエンディングへ……。このような変化を作ることを意識しながら撮影し、そこから編集しています。

次に、【編集で意識すること】は、前述した（項目41〜44）とおり「音楽」と「テロップ」の使い方。たとえば、上記の流れが単調にならないように、前半は旅っぽいBGMに。人がいない時は寂しいBGM。人がたくさん来たら感動的なBGM。そして、笑わせにいく場面ではあえてBGMなし。学校に突撃する際は緊張感あるBGMから青春っぽいBGMへ、といった具合で、1本の動画で、違う動画を数本観ているような感覚になってもらえたら……。

テロップも、ユーチューブでよくあるのはコメントフォローのテロップを入れて終わりですが、それではどうしても単調になってしまう。そこで「エガちゃんねる」では進行用のナレーションテロップに加え、江頭さんや出演者の心情を説明するナレーションテロップ、場面を締めるナレーションテロップがほかのチャンネルと比べて圧倒的に多いです。

たとえば、伊豆大島編の後半、学校に行った江頭さんが「ありがとう」と言いながら先生たちとハグをするシーンがあります。ここにはそのまま「ありがとう！」というコメントフォローのテロップを入れずに、「先生たちは江頭ど真ん中世代」というテロップを1枚入れました。それによって、先生方にとっての江頭2：50という存在がどういうものだったか、という背景を想像しながら2人のハグを見ることができ、このハグに対する先生の思いに想像力がより膨らむようにする。

また、「ストーリーをはっきりさせる」役割でテロップを入れることも。五島列島編の冒頭、景色のいい道を「気持ちいい！」「最高ですね！」と言いながら走る場面では、そのままのコメントテロップではなく、「旅の始まりは上々」のテロップを挿入。こうすることで、「いい始まりをした旅」というストーリーのアタマを意識させることができます。

ほかにも、学校のシーンのあと、移動しながらアイスを配っているところをダイジェストで見せる際は、ただポンポンと配るシーンを見せるのではなく、「高校で元気をもらい、また配り始める」のひと言テロップを挟むことで、学校を受けて次に進んだというストーリーとしての起承転結を見せる。起きている事象をただ羅列《られつ》するだけではなく、その素材を元に大きな物語を作る。そういった意識で編集をするように意識しています。

47 お笑い以外ではちゃんとする マナーや礼節を守る「下品の流儀」

僕は若いスタッフやADには「あいさつはしっかりしよう」「マナーをちゃんと守るように」といった、ごくごく当たり前のことをよく言います。あるロケの帰りでタクシー待ちをしていたところ、路上で座り込んでしまったAD君には「ロケで疲れているのはわかるけど、しっかりしなきゃダメだ。どうしても座りたいなら物陰で人に見られないようにして」と強めに怒ったことがあります。

ただでさえ、テレビ業界やマスコミ業界の人間は「チャラい」「だらしない」と思われがち。それはユーチューブ業界も同様です。「だらしないはず」と思われているからこそ、普通の人以上にマナーや礼節に気を配ったほうがいい。

ましてや「エガちゃんねる」は下品で過激で広告審査落ちは常連のチャンネル。だからこそ、笑い以外の部分ではよりちゃんとしなくてはいけない。ということを常々若いスタッフには指摘しています。

僕らスタッフの不遜な態度や行動は江頭さんの不評につながる可能性だってあります。

それは動画内でも言えることで、江頭さんの暴走による炎上は覚悟していますが、その分、笑いに関係ない引っかかりはできるだけ排除する。そうしないと正義のない、ただの無茶苦茶な暴走集団になってしまいます。逆にほかの引っかかりを排除することで、江頭さんの暴走を際立たせることができる。それも「下品の流儀」です。

48
子どもにも観てもらえるチャンネルであるための線引き

最近ではありがたいことに、ロケをすると「子どものあたおか」に出会うことがよくあります。エガフェスをはじめ、イベントの際は「親子連れで来たよ」というあたおかも少なくありません。かなりアダルトな「R指定チャンネル」だと思っていたのが、幅広い年齢層に観ていただけている、というのは意外ではありますが嬉しくもあります。その一方で、こんな下品な動画を子どもが観ても大丈夫か!?というちょっとした葛藤もあります。

以前の僕であれば、「子どもが観ていても関係ない。どんどん攻めた動画にするぞ」と割り切っていたかもしれません。でも、僕自身も子どもの父親であり、家で息子が「エガちゃんねる」を観ている場面にも遭遇しますので、以前よりも「子ども目線」への意識、子どもが観ても大丈夫なチャンネルなのか、という視点は(ほんの少しですが)高まっています。と言っても、「おっぱい」を「おっ〇い」にしたり、「風俗」を「風〇」にしたりするレベルですが。

子どもから「風俗って何？」と聞かれると、お母さん・お父さんは気まずいじゃないですか。だから、わざわざ質問されないくらいのものにはしておこう、という考え方になってきました。子どものため、というよりは、お母さん・お父さんのため、ですかね（笑）。だから、お尻の穴から吹き矢でプッ！は子どもが観てもいいかな。全裸でち〇こを隠しながらのマジックも大丈夫。「ち〇こアツアツスプレー」がかかったブリーフをはいた人物を当てる動画「【オリジナル人狼】拝啓、広告審査落ちました。」[1]も、下ネタですが子どもが笑って楽しめる内容かな、という判断です（もっとも、動画タイトルにあるとおり、広告審査には落ちているので、グーグルさんの判断ではNGだそうです）。

とは言いつつも、江頭さんのチャンネルですから、その基準を超えてしまうこともたまにありまして……。

最近ですと、「孤独のグルメ」（テレビ東京）のパロディとして作った「孤独のス●べ」[2]。江頭さんがHなDVDを買いに行く様子を「孤独のグルメ」風に撮影・編集しました。

これはもう、オール下ネタ。うちの子どもにはとてもじゃないけど観せられません。けど「これぞ『エガちゃんねる』」という動画でもあります。ここは勝負してみたい、という変な欲求にかられてしまい、登録者数激減も覚悟でメインチャンネルで公開しました。

こういった下ネタ動画はいつもグイグイ登録者数が減るんですが、この動画はなぜか落ちるどころか伸びまして、コメント欄はまさかの絶賛の嵐！ 本家ファンからのおホメのコメントもたくさん。これには我々一同驚きました。「孤独のグルメ」の再現度を追求し、クオリティを高めることによって作品性が出たことが良かったのかもしれません。もちろん主演俳優・江頭さんの演技も良かったです（笑）。

作品性を高めることで下ネタも受け入れやすくなる、これは映画のベッドシーンみたいなものでしょうか。１つ勉強になりました。

当然広告審査は落ちたので広告収益は入ってきませんが、それ以上にあたおかのみなさんが喜んでくれて、この下品な動画を認めてもらえたことが嬉しかったですね。

というわけでいろいろ言いましたが、「線引き」は結局のところは……ノリですかね。

4章
前途無謀！

江頭さん、ブリーフ団、あたおかとともに

49
ビジョンを持って仕事をする
決断や選択自体に正解・不正解はない

学生時代にテレビ朝日で人気を博していた『「ぷっ」すま』と「内村プロデュース」に憧れ、その制作会社であるケイマックスへの入社を果たしたのは25歳の頃。憧れて入った世界ではあるものの、当時のテレビ業界には「ワークライフバランス」なんて言葉も、「働き方改革」なんて意識も当然なく、家に帰れない・寝られないのは当たり前。ＡＤ時代には過労で倒れて2回ほど入院したことがあり、実家の親からは「もう辞めなさい」と何度も言われました。でも、そこで辞めたら僕がこのテレビ業界に入ったことが不正解になってしまう。そもそも大学の同期が、やれ銀行だ、やれ商社だと、いわゆる「ちゃんとした大企業」に就職を決めていく中、僕は親の反対を押し切ってテレビ業界に入ったわけです。その決断を正解にするしかない意地みたいなもので、もがいて、なんとかこの業界にしがみついてディレクターになることができました。

結局、人生の中で出合う大きな選択肢では、仮にどちらを選んでも、正解も不正解もない。選んだ道を正解にするか不正解になるかはそのあとの自分次第。選んだ道が正解になるように努力していくほかないのかな、と。

そして、選んだ道を正解にすべく努力していく過程では、ビジョンを持つことが重要だと思っています。なので、若いADやコンテンツ制作者に相談された時には「ビジョンを持つといいよ」と伝えています。将来、自分はどうありたいか。5年後、10年後にどうなっていたいか。

僕が新人AD時代に掲げたビジョンは、かなりざっくりですが「日本一のテレビディレクターになる」でした(笑)。テレビ番組の制作会社ケイマックスに出した履歴書の志望動機にも、「私の夢は日本一のディレクターになることです。そのためにこの会社に入って学びたいです」と書いたことを覚えています。まぁ、ケイマックスの人はそんな履歴書の一文、読んではいないと思いますが。

当時のテレビ業界はコンプライアンスという言葉のかけらもなく、とにかくつらく、奴《ど》隷《れい》のような生活が当たり前でした。だからこそ、未来への希望がないとやってられません。「自分は今、なぜこんなつらい日々を過ごさなきゃいけないのか!?」と迷ってしまうんです。

なんのために俺はこの人のジュースを買いに行かないといけないの⁉︎　なぜこの人のタバコを買いに走らされてるの⁉︎　なぜ寝ないでリサーチをしているのか？　こんなことをやるために俺はここに来ているのか⁉︎……頑張る理由がわからなくなってしまいます。でも、「いつか日本一のテレビディレクターになる」という原点があったおかげで、モチベーションをギリギリで保つことができていました。

今になって振り返ると、あの時の僕が言っていた「日本一のディレクター」が何を指していたのかはわかりません。視聴率1位なのか、担当番組が1位なのか、年収で業界1位なのか。明確にできていなかったのは若さゆえの無計画さというか無知というか。ただ、結果的には今、「好きなユーチューバーランキング」で2年連続1位を頂いたチャンネルを作ることができた、という点においては、甘めの採点ではありますが、「日本一のディレクターになれた」と言っていいんですかね？……。

あらためて思うのは、言霊《ことだま》ってあるんだろうな、ということ。「いつか日本一のディレクターになる」と言葉や文字にするからこそ、それが自分の拠《よ》りどころになる。「エガフェスをやりたい」と口に出すことで賛同者が現れてくれる。これからも夢は語っていきます！

50
「量」をこなしていない人に「質」を語る資格はない

「いつか日本一のディレクターになる」という大志を抱いてテレビ制作会社の門を叩き、大好きなバラエティ番組に携《たずさ》わってかれこれもう20年以上。この間、バラエティ畑一筋で日々、番組作りに励んできました。

そんな中で、僕は笑いのセンスが特別優れているとは思っていません。想像力や発想力の部分で僕より優れている人は、僕の周りにもたくさんいます。しかし、僕自身のことで少しばかり誇れることがあるとすれば、どうすれば「日本一のディレクター」になれるか？を考えて人一倍努力をしてきたこと。

ＡＤ、そして若手Ｄの時代にはとにかく量をこなしました。人一倍勉強して、準備をして……。はたから見れば無駄な努力と言われるようなこともたくさんしてきました。けれど僕は、「量」をこなしていない人に「質」を語る資格はない、と考えていまして、量をこなしてこそやっと自分にとって必要な質が見えてきて、そこで初めて質を語る権利があるのだと。「働き方改革」などと言って、量もこなしていない人が質を語っているのを見ると、そんな人に一生負ける気はしませんし、逆に大丈夫かと心配になってしまいます。

新しいことを始める時というのは、数えきれないほどの壁がつきものです。しかし、人一倍努力してこなしてきた量と自信が、その壁を打ち破る突破力につながっていくと思います。そして、この「突破力」こそが、じつは「クリエイティブ」なのではないでしょうか。

その「突破力」と同様に「クリエイティブ」にもう1つ必要なものが「人間関係」。「エガちゃんねる」ではそれが最初はブリーフ団であり、ともに撮影に臨んでくれるスタッフであり、それが徐々に広がって、今では動画ごとに関わってくれる企業さんであったり、広告代理店であったり。

ありがたいことに「エガちゃんねる」は、頼れるスタッフもネットワークの広がりも増え、気づけばとても大きな船になりました。そして、この船に乗って一緒に仕事をしたいと言っていただける声がたくさんあります。これからも、この船に乗りたいと言ってもらえる魅力的な船であり続けるために、今僕がするべき一番大事なことは、日々の動画1本1本に対して「自分の中の100%以上」の努力を続けていくことだと考えています。

51 ブリーフ団に相談できるから落ち込まない

テレビディレクター時代と違い、放送局の許可も上司のハンコも不要で、やる気さえあればなんでもできてしまうユーチューブの世界。誰かの顔色を窺《うかが》うことなく、忖度せずにできるのはいいことばかりですが、「自由」というのは同時に、責任も伴うもの。コンプライアンスも自己責任。そしてクオリティの担保、ゲストで出てくれた方への配慮、江頭さんのケアなどへは、当然、自分が責任者として目を配る必要があります。

よく、週2本の動画を上げ続けることで疲弊《ひへい》したり、コメント欄での批判に対して落ち込んだりすることはないですか？と聞かれることがあります。でも、これが意外とそんなことはないんです。週に2回の動画を上げ続けていくには、落ち込んでいる暇がない、というのもありますが（笑）。

大きな理由は、ブリーフ団の3人（L・M・S）や仲間のスタッフの存在です。最初の視聴者として率直な感想を聞くことができますし、僕が変に悩む出来事があってもブリーフ団

Lなんかは「大丈夫でしょ」「気にしなくていいんじゃない」とお気楽ですし。

ブリーフ団は、体型はまさに「L・M・S」の文字どおりバラバラで、年齢もほぼ10歳ずつ違います。江頭さんを引き立てる黒子役として個性をあまり出さないように、という狙いからのマスク姿だったのですが、結果的にはいい塩梅《あんばい》でキャラが分かれてくれました。

Lはブリーフ団の長男的なポジションでどっしり構えてくれていて、実際、Lの言葉によって安心して進められることは多いです。Mはブリーフ団としてだけでなく、江頭さんのマネージャーの役割も。江頭さんができるかどうか、自分の体を実際に使って判断してくれる「エガソムリエ」でもあります。Sは激辛メニューや大食いチャレンジにはドクターストップで出られない、という虚弱キャラであり、いつもモジモジしていて童貞。ある意味、今の若者の一面を良くも悪くも象徴した存在かもしれません。

そんなブリーフ団のいいところは、ひと言で言えばマスク越しでも伝わる「人柄」でしょうか。その自然体の雰囲気というか、素朴な空気感と言いますか。僕も「ブリーフ団D」として画面に出ることがありますが、僕の場合、マスク越しでも「圧」が出てしまって、彼らのような空気感が出せません(笑)。なので、できるだけカメラの前には立たないようにしています。彼らの人柄に、「エガちゃんねる」は動画内でも動画外でも、助けられています。

52 ブリーフ団にキレた日

楽観的なブリーフ団の言動に日々助けられているにもかかわらず、僕は僕でブリーフ団に対しても、ほかのスタッフに対しても、直接ホメて伸ばすことがどうも恥ずかしくてなかなかできない性格です。仕事以外の部分ではけっこうホメたり、「すごいね」と正直に言えるんですが……。たとえば、ブリーフ団Lは地方ロケに行ったりすると、お土産を選ぶセンスが抜群。いつもLが何を買ったのかを参考にしながら自分のお土産を買います。ロケ先の居酒屋に行ってもLにオーダーしてもらうのが間違いない。地の物で何が美味しいのか熟知していますので。でも、これが仕事となるとホメるサジ加減が難しい。何よりも、ホメよう・いいところを探そう、という行為に対して、僕自身がムズ痒くなってしまいます。

そんな中、僕は一度ブリーフ団に本気でキレたこともあります。

チャンネル開設1周年記念でスカイダイビングに挑戦した動画「【1周年スペシャル】スカイダイビングで○○する男【上空3800mからの挑戦】」[1]でのこと。その日は風が非常に強く、そもそも飛べるかどうかもわからない状況で、風の様子を待ちましょう、という

1

状態が続いていました。飛べるチャンスは1度だけ。しかも、風が安定している時間なんてすぐに終わってしまうかもしれず、いつでも行けるようにスタンバイしておく必要がある。ただ、インストラクターの方からは、「強風でのスカイダイビングは命の危険にも関わるので無理はできない」と言われるギリギリの状況。インストラクターとの打ち合わせを受けて、ロケやスタンバイの段取りを僕から江頭さんやスタッフにも伝えていたところ、江頭さんが真剣に僕の話を聞いているにもかかわらず、ブリーフ団Mがほかのスタッフとヘラヘラ笑って話をしていて、僕の話を聞いていないことに気づきました。

この時ばかりは「おいお前！　死ぬぞ！」と強い口調できつく注意しました。シンプルに、命に関わる危険性もゼロではないのに、その状況を理解できていない緊張感のなさへの叱責です。また、ブリーフ団以外のほかの撮影スタッフにも、いつものおバカなだけのロケとは違うよ、という緊張感を感じ取ってほしいパフォーマンス的な意味合いがあったかもしれません。結果的に、奇跡的に強風が止んだ一瞬に飛ぶことができたのですが、江頭さんがバルーンを割る前に強風でバルーンが割れてしまうというオチ（笑）……。江頭さんも僕もあまりの予想外の展開に膝から崩れ落ちましたが、それもあの緊張感からの落差が生み出した笑いだったのかもしれません。

53 コメント欄の〝向こう側〟も俯瞰的な目線で想像する

テレビとユーチューブの一番大きな違いと言ってもいいのが、コメント欄の存在。コメント欄で視聴者の反応が直にわかるのは、作った人間にとって非常にありがたい通信簿の1つと言えます。通信簿（コメント欄）の内容をチェックしては励まされたり、刺激を受けたり、反省したりと新たな動画制作のモチベーションになっています。

それほどありがたい存在といえるコメント欄ですが、一方で「コメント欄だけを鵜呑《うの》みにしてはいけない」とも肝に銘じています。

みなさん自身のユーチューブ体験に当てはめていただいてもいいのですが、大好きなチャンネルであっても、コメント欄に感想や意見を書き込むのは、なかなか勇気もいるし、カロリーも使う行動のはず。ということは、誰も彼もがコメントを書いているわけではありません。

実際、100万回再生を超えた動画でも、コメント欄の書き込みは多くて2000件ほど。大事な時間を使ってコメントを書き込んでくれるのは、熱心なあたおかか、アンチか、そのどちらかがほとんどで、99万人以上の視聴者はコメントを書いていないのです。

そこで重要なのは、コメント欄の〝向こう側〟にも意識を向けること。動画を面白がってくれたもののコメントは書いてくれなかった人たち。もしくは、下品な内容に眉をひそめたけれど、わざわざコメントで批判するほどではないと考えた人たち。特に何も感じなかった人たち。さまざまな視聴者の「声なき声」を想像する必要があります。逆にコメント欄だけを信じていたら「エガちゃんねる」は終わるとも思っています。

そこで大事なのは、俯瞰《ふかん》的な目線。コメント欄の傾向も加味しつつ、自分の感覚ともすり合わせながら、動画がどう観られたのかを想像していく。時には「エガちゃんねる」をあまり知らない人が「エガちゃんねる」をどう捉えているか、という声にも耳を傾けるようにしています。

54 あたおかを守るためにも心無いコメントは「ハイ、ブロック！」

コメント欄は、励みになりつつ、「ネット世界の闇」とも言われる誹謗中傷《ひぼうちゅうしょう》も絶えません。どうしたらそんな見方ができるの!?という、正直言って理解力を疑うコメントも頂戴します。以前は、批判的なコメントを消すのはかっこ悪い、と考えていて放置していましたが、最近はどんどんブロック！　表示されないように削除していきます。

コメントを削除してもいいんだ、と考え方が変わったのは、人気ユーチューブ「街録ch」を制作・運営するディレクター、三谷三四郎さんとトークイベントで対談させてもらったことがきっかけです。「コメントは削除したことがない」という話題になった時、三谷さんは驚いて「僕は定期的にお掃除しています」と。お掃除ってなんですか？と聞くと、一般の人や有名人を問わず、さまざまな人にインタビューをする「街録ch」では、その〝出てくれた取材者（ゲスト）〟への心無いコメントを書く視聴者もいる。つまり、ゲストを守るために誹謗中傷コメントを削除＝お掃除をしているそうです。

その言葉を参考に、僕も心無いコメントを初めて削除してみました。最初だけはちょっと躊躇《ちゅうちょ》しましたが、一度削除すると、もうあとは早いですよー。最近は「はい、ブロック！」と見つけ次第、削除しています。「エガちゃんねる」の場合、ゲストで出てくれた人を守る、という側面だけでなく、「あたおかを守る」という意味合いも大きいですね。心無いコメントで不快になるのは、僕や江頭さん、出演してくれたゲストだけでなく、その動画を楽しんでくれた視聴者のためにもならないので。せっかくバカバカしい動画を観てくれて笑ってもらえたのに、そのあとにコメント欄を見て、不快になるコメントがあったとしたら、楽しかった気分も台無しになってしまいます。

さらに言えば、僕自身のモチベーションを保つため、という一面もあります（笑）。以前は「こんな文句ばっかり言うやつのために自分は命を削って動画を作ってんのか……」と制作意欲を削がれる時もありました。ただ、そんなやつのコメントでモチベーションが低下して動画のクオリティに影響してしまったら元も子もないな、とも思い、お掃除するようになりました。

というわけで、今後も無理解で心無いコメントはお掃除していく所存です。これはあたおかを守り、みんなが気持ちよく「エガちゃんねる」を続けていくための儀式として。

55 師匠からもらった「0点」

少しばかり、僕の若い頃の話も。

大学時代からずっとテレビディレクターに憧れ、その中でも大好きだった番組が『ぷっ』すま」と「内村プロデュース」。そして、この2番組を作っていたのがケイマックスという制作会社だった、という話は前にも（項目49）書きました。当時、ケイマックスは経験者しか採用枠がなかったため、大卒のタイミングでは一度別の制作会社に入り、1年後にあらためてケイマックスに「面接してください」と直談判《じかだんぱん》。どうにかこうにか潜り込むことに成功し、まずはADとして、まさに昼夜問わずの過酷な日々が始まりました。

とにかく、早くディレクターになって「『ぷっ』すま」や「内村プロデュース」を自分自身で手がけてみたい。それが最初の目標でした。と言っても、ADからディレクターに昇格するのに、明確なテストや基準があるわけではありません。一緒に働く先輩ディレクターやプロデューサーなど、周囲の人たちが「こいつならもう大丈夫だ」と認めてくれた時に、ようやく肩書きと給料が変わります。

ADとしていくつものミスを重ね、時には殴られ、蹴られもしながら、少しずつ成長の日々。それでもAD時代の前半は比較的仕事もうまくこなせていまして、3年くらいでチーフADの立場に。ここで認められれば、いよいよディレクターです。

順調にステップアップしている気がして自信もついてきた頃。ある時の「『ぷっ』すま」の大きな特番の収録終わり、長年この番組の演出を担当し、僕にとっては師匠と言える飯山直樹さんに、「今回の自分、どうでした?」と聞いてみました。

返ってきた答えは「0点」。これは相当ショックでした。

ただ、今になって振り返ってみると、僕はそれまで「ノリ」と「勢い」で突き進んできた面が多くありました。この勢いで一気にディレクターになれるのでは!?と勘違いしていたのでしょう。でも、細かいところのツメがまだまだ甘かった。番組を作るうえでは、技術・美術スタッフとも話し合って、とにかく細かい下準備が必要です。なんとなくの準備だと、収録の本番中、必ずどこかでほころびが生じてしまうのです。実際、その細かいツメの甘さで大失敗したこともたしかにありました。

僕は「0点」評価を受けたあと、「1年後に絶対にディレクターになる」と決意しました。

では、どうすれば「0点」評価を覆《くつがえ》すことができるのか。心がけたのは、それまでの「勢い重視」の姿勢を改め、細部にまでとことんこだわること。「準備」に時間と労力をかけること。細かいところまで全部の事前チェックができて初めて、周りからも信頼してもらえるようになります。先輩からも後輩からも「藤野は細かい」と言われるようになるまで、とにかく徹底的な準備を心がけるようになりました（実際、今の僕はよく「藤野さんは細かすぎる」と言われております・笑）。

「0点」をもらった「『ぷっ』すま」からちょうど1年後にあった大きな特番終わり、西麻布の飲食店で開かれた打ち上げのあと、タクシーに乗って帰ろうとする飯山さんの隣に無理やり乗り込み、意を決してもう一度「今回の自分、どうでした?」と聞いてみました。すると今度は、まさかの「100点」。こうなれば、再び「勢い」と「ノリ」を発動です。僕はそのまま、「もしよかったら、次の『ぷっ』すま」で1本撮らせてもらえませんか」と直談判。すると、「じゃあやってみるか」と言っていただき、ディレクターを名乗れるようになりました。

56 努力を重ねて成功した人は神頼みという「最後の努力」までしっかりやっている

準備の大切さ、細部にこだわることにも通じるなと感じていることに、神頼みやゲン担《かつ》ぎがあります。僕の周りでいわゆる「成功」している人は、ちゃんと実行している人が多い。むしろ、成功した人ほど神頼みやゲン担ぎをしている気がします。

有名なところでは、有吉弘行さんの「熊手《くまで》」。再ブレイクするずっと前から、毎年11月の酉《とり》の市《いち》で熊手を購入する、というゲン担ぎを10年以上続けていたそうです。

ここで言いたいのは、有吉さんは熊手のゲン担ぎのおかげで再ブレイクした、なんてことではもちろんありません。実際に神頼みやゲン担ぎが効果はあるのかはさて置き、それは「最後の努力」だ、ということ。実際、僕はＡＤ時代、猿岩石《さるがんせき》ブームが終わったあとの「消えた芸人」状態だった有吉さんが、「内村プロデュース」の撮影中、出番が来るまでどんな長い待ち時間でも文句を言わず、わずかな出演時間ですべてを出せるように準備を重ねていた姿を間近で見ています。どんな現場でも、少ない出演時間でも、爪痕《つめあと》を残そうと常に全力投球だった有吉さんが、その努力を重ねたうえで、最後の努力として熊手を毎年購入していた、のだと思うんです。

芸人さんであれば売れるため、会社なら業績を上げるため、番組なら視聴率が良くなるように……。考えられる具体策はすべてやり切った人が、最後の最後に「やれることはやったし、ほかにやれることは……そうだ、神頼みもしておこうか」となる。つまり、努力した人は神頼みという「最後の努力」までしっかりやっている。逆に言うと、そこまでやってない人は神頼みまで気にしていない甘さがあるのでは……ということです。

と言いながらも、じつは僕、熊手は本当に効果があるような気もしています。エガちゃんねるを始める数年前から毎年熊手を購入しているのですが、少しずつ仕事の運気が上がっています。「エガちゃんねる」も、おかげさまで好調です。これは何かしら神的な力が働いているのかもしれません。信じるか信じないかは……ですが。

11月に酉の市で熊手を購入する行為は、自分自身の1年の仕事を振り返り、次の1年への決意表明にもなります。そんなわけで、熊手って、なかなかいいものですよ。

57 先のことを考えすぎてもしょうがない

「ビジョンを持つといい」と書きましたが、一方で、未来に関してはあまり細かいところまでは考えてもしょうがない、とも思っています。それこそ「日本一のディレクターになる」くらいのざっくりでいいのかな、と。

というのも、「エガちゃんねる」を始める1年前の時点では、僕はずっとテレビの世界で生きていく、と考えていました。それなのに、1年後に「よし、江頭さんとユーチューブをやろう！」と人生が大きく切り替わった。さらにその半年後には、所属タレントとして江頭さんを迎え、タレント事務所を立ち上げることになった。自分自身でもまったく予期していなかった未来です。人生、何が起こるかわかりません。あまり先のことを考えても、社会の状況や流行、周囲の状況は予想もしなかった方向に変わります。

だから大事なことは、日々の目の前のことに全力で取り組んで自分の「地力」を上げていく。その中で周囲で助けてもらえる人、一緒に取り組める人との関係性を深めておく。そうしておけば、この先どんな状況になろうとも対応できる。自分で急に「こんなことをやってみたい」と思いついた時でも突破できる。目の前のことに対して全力で取り組むことが「予期せぬ未来」でも理想的な到達点に連れていってくれる、と考えています。

それこそ、縁起でもないことですが、江頭さんが体調を崩してしまって、「エガちゃんねる」をお休みしなければならない状況だってあり得ます。実際、これまでにも江頭さんの体調不良で動画公開を休止した時期はありました。

だからこそ、「エガちゃんねる」の5年後、10年後を考えるよりも、目の前の1つの動画に全力を尽くす。来週公開する動画をとことん面白くする。その動画でみんなを笑わせ、多くの再生回数も取り、登録者数も増やしていく。そうやって愚直に仕事をしていけば、万が一「エガちゃんねる」が危機的状況に陥ってもそれに対応できると信じています。そして、そんな日々の繰り返しが「エガフェス」のような大きな企画にもつながっていくのだと思います。

大きな夢を語ることも大事ですが、まずは目の前の仕事で1つひとつ結果を残す。すると、周囲の信頼度が上がります。あたおかのみなさんからの信頼度も上がります。その結果として、次の仕事がやりやすくなる。次の仕事がやりやすくなるというのは、仕事において大きなご褒美《ほうび》です。

本当に1本1本全力で、命を削ってやってきた結果として、今の「エガちゃんねる」の形になった。ある意味では、まったく自分の想像とは違うものになっています。そして、今後もどんなチャンネルに変化していくのか、まったく予想もできません。

とにかく、1本1本誠意をもって仕事をする。その先に「予期せぬ未来」が待っていると信じて。

58 江頭さんが「宝物」と呼ぶ品々はちょっと上品

　江頭さんのかわいらしい一面や、仕事に対して生真面目な一面をうっかり明らかにしてしまうことがある「エガちゃんねる」。江頭さんからは「営業妨害だ！」と怒られていますが、ここでも少しだけ紹介させてください。

「【時効だから話せる話】触れてはいけなかったあの話、全て話す」[1]という企画で昔話をした時のこと。２０１３年5月に江頭さんの身に起きた「タワーレコード全裸ダイブ事件」の詳細を初告白してくれました。

　この事件は当時、インターネットテレビで配信していた江頭さんの冠トーク番組「江頭2：50のピーピーピーするぞ！」のＤＶＤ発売イベントをタワーレコード新宿店で実施した際、「ブリーフ重量挙げ」というネタ披露中に、勢い余ってブリーフが破れて下半身が露出。さらに、観客の中にダイブまでしてその場は大いに盛り上がったものの、後日、公然

1

わいせつ罪で書類送検～略式起訴され、罰金刑となってしまった、という江頭伝説の1つです。

ユーチューブではこの時の顛末《てんまつ》を細かい描写と結構な熱量でトークしてくれて、オチとして、当時の僕が落ち込んでいる江頭さんに「江頭さん、伝説残しましたね」と空気を読まないメールを送ったことを語ってくれました。ただ、僕は正直そのメールのことを忘れていて、収録終わりに「僕、あんなメール送ってましたっけ?」と確認してみました。ひょっとして江頭さんが脚色してくれたのかな、と。すると江頭さん、「いつかこの出来事はネタにしてやろうと、あの時は日記を書いていたから間違いない」と答えてくれました。いつかネタにするために日記にしたためる……江頭さんやっぱり真面目です(笑)。

じつは江頭さん、日記だけでなく、新聞記事や雑誌の記事をしっかり切り抜きして保管していたりします。たとえば、憧れのビートたけしさんが江頭さんについて言及した雑誌は切り抜いて大事に取ってあります。

雑誌の切り抜きはまだわかるのですが、中にはSNSの投稿をカラー出力して保管していることも。それこそ、「タワレコ全裸事件」があった直後、ダウンタウンの松本人志さんが江頭さんのキーホルダーのようなグッズの写真とともに「ファイト。。。」とだけつぶやいたことがあるのですが、江頭さんはその松本さんのSNS投稿をなんとカラー出力して保存。そのカラー出力を見せてくれた際には、恥ずかしそうに「俺の宝物ですよ」と語ってくれました。

ちょっとしたことでも大事にするのも、じつに江頭さんらしい。

宝物といえば、「エガちゃんねる」を始めるにあたって、僕が江頭さんに「こんなことをやりたいです」と提案した企画書も、「俺の宝物」として大事に保管してくれているそうです。こういった、1つひとつの思い出を大事にしている江頭さんだからこそ、今でも「江頭さんを助けたい」「江頭さんと一緒になにかやりたい」と言ってくれる人が多いのだと思います。

この項目で書いたようなことをバラしてしまうのは事務所の社長としても完全に営業妨害なんですが、江頭さんのそんな一面も知ってほしいと思って始めたのが「エガちゃんねる」だったりもするんですよね。

59 ご褒美は月曜の朝5時

40歳を超えてベテランと言われる世代になった今でも、毎日笑いながら楽しく仕事ができているのは自分でも幸運だなと感じています。

振り返ってみて、なぜこの世界で生き続けられたのか。その大きな理由の1つは、好きなことを仕事にできたからだと思います。そもそもテレビ業界に入る時も、好きなテレビならばどんなにしんどくても頑張れるはず、という考えのもと、この世界に飛び込んできました。それが40代の半ばを過ぎた今も、ありがたいことにそのまま続いている状況です。

結局、今の僕にとって一番の趣味が「エガちゃんねる」なんです。趣味だから、時間も手間暇も惜しくない。そして、その大好きな「エガちゃんねる」の動画は毎週毎週、着実に積み上がっていく。男性であれば何かをコレクションすることが好きな人が多いと思いますが、僕にとっては、自分たちの作った作品(動画)が積み重なっていくことがコレクションです。そして100万回再生超えのものが並ぶとさらに気持ちいい(笑)。昆虫採集をして標本を増やしていくように、好きな漫画のコミックスを並べて悦に入るように、ユーチューブの画面を開いて自分たちの作品群を見る瞬間が、今の僕にとって幸せな時間です。だから、「エガちゃんねる」を作り続けること自体が僕にとっての楽しみなんです。

そしてもう1つ、僕にとって幸せな時間があります。それは、動画を公開した深夜2時50分過ぎから窓の外が白み始める頃の時間。その時僕は、コメント欄を見ては、1人ニヤニヤしています。基本的にはホメてくれるコメントが多いのですが、それらを1つひとつ読ませていただいて安堵《あんど》したり、「あのテロップ、わかってくれたかぁ」と悦に入ったり。

日曜の日中から動画公開時間のギリギリまで編集をしていることが多いので、本来この時間帯は肉体的にギリギリで眠くなるはずなんですが、クリエイターズ・ハイと言うか、逆に目が覚めてきてしまうんです。

時には、手厳しいコメントや、あまり褒めてもらえないことがあって落ち込みもしますが、明け方近くになったら、「あー、スベったかぁ……じゃあ寝よ」と切り替えて寝床へ。これが動画公開直後のルーティンです。

60 「案件をください」とは言いたくないから面白い動画を作り続ける

こんな僕でも稀《まれ》にですが、パーティへのお誘いを頂くことがあります。ある時、「藤野さん、このパーティに来ればさまざまな業種の社長さんに数多く出会えるから、案件をたくさんもらえますよ」と、ゴージャスな船上パーティへのお誘いがあったのですが……行きませんでした。

なんでしょう……、そんなところで頭を下げたくないんですよね。頭を下げて「案件をください」って言いたくない。クリエイターとしてのプライドみたいなものですかね。

そしてたとえ「案件ください」とお願いをして、実際にそれが実現したとしても、向こうの立場が明確に上になってしまいます。そうなると「下ネタなんてやめてください」「企業イメージを損なうので、もっと上品に」と言われた時に戦えなくなってしまう。案件動画で「エガちゃんねる」らしさを失わないためにも、大企業とも対等に議論ができるような立場でいるためにも、そんな場で頭を下げないほうが健全だと考えています。

広告審査に落ちてしまうことが多い「エガちゃんねる」において、たしかに「案件動画」は大事な収益源です。だからといって、案件が欲しい男、とは思われたくないし、なめられたくない。僕がしなければならないのは、そんな船上パーティに行って企業の社長にヘラヘラ頭を下げることではなく、逆に大企業から案件をお願いされるような「エガちゃんねる」でいること。

浮ついた関係性を作るよりも、笑いの戦場で目の前の仕事をいかに一生懸命やるか、そして結果を残すかが大事だと思っています。

61 「ばんぺいゆ」と「ばんぺいゆマネジメント」と「ばんぺいゆミュージック」と

ここで、僕たちの会社組織の変容も少しご紹介します。

2011年、テレビ番組の企画・制作を行う会社として立ち上げた「ばんぺいゆ」。この社名には、世界最大の柑橘果実《かんきつかじつ》とされる「晩白柚《ばんぺいゆ》」にちなみ、「世界最大級の面白いことをやりたい」という願望も込めていました。

会社設立10年目の2020年にスタートした「エガちゃんねる」は、まさに「世界最大級の面白いこと」にチャレンジできる場だと思っています。

そして同じ2020年、江頭さんを所属タレントに迎え、タレント事務所「ばんぺいゆマネジメント」も設立しました。元の所属先である大川興業さんから引き抜いた、と勘違いされがちですが、江頭さんとの信頼関係のもと、大川興業さんからも「藤野さんのところで今後はお願いできませんか？」という相談を頂いて決断した形になります。従来のような営業力を主としたタレント事務所ではなく、制作能力のあるチームがタレントのマネジメントもサポートしていく、新しいスタイルの会社です。

さらに2024年、ばんぺいゆ第3フェーズとして「ばんぺいゆミュージック」も立ち上げました。「エガフェス」をきっかけに生まれたブリーフ団の楽曲（「永遠のブー」「ブリーフの風」「愛のムチムチ」）の著作権管理が主な目的です。こちらも僕が代表を務めていますが、音楽に関してはまったくの素人。そこで、ブリーフ団の楽曲を作っていただき、「エガフェス」でもおんぶに抱っこの〝あたおかミュージシャン〟、シュノーケルの西村晋弥さん主導で動いていただいてます。

会社が増えたことで僕自身の立ち位置や仕事内容が大きく変わるわけではありませんが、できることは増えていくはず。何よりも、江頭さんが安心して面白いことに専念できるようにすることが主眼となりますが、組織の広がりを「エガちゃんねる」の広がりにうまくリンクさせていきたいと思っています。

62 「偉大なるマンネリ」でいいじゃないか

いよいよ6年目に突入する「エガちゃんねる」。普通に考えるとこのあたりで一度、番組のオープニングを変えたり、セットを変えたりといった「プチリニューアル」をする頃合いでしょうか。でも、「エガちゃんねる」では今のところそういった変更は考えていません。

僕が以前から大事にしたいな、と考えていることに「偉大なるマンネリ」があります。長く愛され続けた番組って、その番組と言えばコレ、というものがあるもので……。「タモリ倶楽部」（テレビ朝日）であれば、お尻の映像を見れば「あ、タモリ倶楽部の時間か」とわかりました。「笑っていいとも！」も「サザエさん」（フジテレビ）も「徹子の部屋」（テレビ朝日）も、オープニング曲の最初の小節を聴いただけでわかりますよね。

「終わらない番組」を目指している「エガちゃんねる」も、長く続いた伝説の番組に見ならって、変えなくていいものは変えない、のスタンスを守っていきたい。番組の色を根付かせるというか、あのオープニングが始まったら「エガちゃんねる」と思ってもらえるようになりたい。

といっても、絶対に変えない、という凝り固まったものでもありません。いいものができたなら変更する。現在、小松美生さんに歌っていただいているエンディングテーマ「伝説のEGA」も、「エガちゃんねる」で自由に使える楽曲を応募した時にエントリーいただいて、「これ、いいな」とピンときたので、それまで使っていたものから変えました。

危険なのは、「今のものがいい・悪い」の判断もなく、一定のタイミングでお決まりのように変えてしまうこと。1年経ったから、3年経ったから、ではなく、変えたいから変える、ならありだと思っています。

そもそも、「エガちゃんねる」は毎回やっている内容が違うので、むしろオープニングとエンディングはいつも同じくらいがちょうどいい。

これからも、内容的にはいつも新しく、攻めたものを目指しますが、同時に「偉大なるマンネリ」も目指して、長く笑ってもらえる番組であり続けたいです。

おわりに

ここまで本書にお付き合いいただきありがとうございます。偉そうなことを書いてますが、今でも毎日「スベったなー」「ああしておけば良かったー」と反省ばかりです。なので「藤野のくせに偉そうなこと言いやがって」というご意見は一度お納めいただけると助かります。

前作は、タイトルや本のカバーなどは、出版社の方々など本のプロフェッショナルの皆様に一任していましたが、今回はタイトルやカバーも、僕がある程度決めていいというお話を頂きまして……。

タイトルはこの「下品の流儀」というワードが最初の打ち合わせの時に出てきて、そのまますぐ決まりました。そしてカバーについては江頭さんの写真をありがたいことに使わせていただきまして……江頭さん、ありがとうございます。

しかしここで僕の悪い癖が出ました。せっかく江頭さんが自分の写真を使わせてくれたんだから……と、いろんなパターンを検証してみたくなり、たくさんの写真の候補からいろんなデザインを作っては、あーでもないこーでもないと悩みまして……。写真とデザインの方向性が決まっても、今度は江頭さんの顔のサイズを微妙に大きくしてみたり、小さくしてみたり。ほかの人が見たら「どこが違うの?」っていうレベルで変更してみたり……。これはもはや病気みたいなものでして、初めて僕と仕事する人にはよく呆れられるのですが、エガちゃんねるスタッフはこんな僕の病気みたいなこだわりにいつも付き合ってくれています。カバーはそんな経緯を経まして、今みなさんが見ているのが最終的に決定したものです。どうですかね?

本書を出すにあたっても、僕のこの病気みたいなこだわりにお付き合いいただいた、プロデュース・編集の石黒謙吾さん、『ぷっ』すま」時代から公私ともにお世話になっているすずきBさん、構成のオグマナオトさん、デザイナーの吉田考宏さん、宝島社の九内俊彦さん、座談会を開いてくれたブリーフ団、表紙デザインの相談に乗ってくれた「エガちゃんねる」デザイナーの藤田泰実さん、ほかにもたくさんの方々にお世話になりまして(ご迷惑をおかけしまして)、ありがとうございます。

そして最後に、「エガちゃんねる」を応援してくださっているみなさま、みなさまのおかげで今の「エガちゃんねる」があります。ありがとうございます。

みなさまなりの「流儀」を胸に、お互い頑張っていきましょう。

本書登場の動画一覧[URL]

1章

P026　江頭2:50、YouTubeに参上！【BADASS SAMURAI】
https://www.youtube.com/watch?v=8X1h68C0eoA

P030　江頭、福島に行く。
https://www.youtube.com/watch?v=3O4_WMDJda4

P031　【大食い】江頭、超巨大海鮮丼に挑む！
https://www.youtube.com/watch?v=O3bOqrvF0Kg

【伝説の一杯】江頭、伝説の徳島ラーメンを食べに行く
https://www.youtube.com/watch?v=DTWsrxOAruI

P034　【コント】江頭家の人々
https://www.youtube.com/watch?v=DMqMks_JH_0

P058　お前ふざけんな！ぶっ潰してやんよ！
https://www.youtube.com/watch?v=fXCuXTrC15k

共演ＮＧを出してるトリンドルに江頭をプレゼントしてみた。
https://www.youtube.com/watch?v=1t3vXF-bGIw

【恐怖】21年間共演ＮＧの辻ちゃんを天井に張り付いて待ち伏せした
https://www.youtube.com/watch?v=j6b87bOPiMI

P062　【大食い】男４人がかりで大食い界イチの美女、ますぶちさちよをぶっ潰す！
https://www.youtube.com/watch?v=-99htnZFMvw

【焼肉大食い】男４人がかりで令和最強の新女王をぶっ潰す！
https://www.youtube.com/watch?v=DuJ8yXilbrc

P063　江頭56歳、初めての二郎系ラーメン
https://www.youtube.com/watch?v=m5mKPFHOGoU

【緊急リベンジ】江頭、初めてのマクドナルド２
https://www.youtube.com/watch?v=pNQfOP2y1NM

【大食い】男４人がかりで女王もえあずをぶっ潰す！
https://www.youtube.com/watch?v=BSx29aGsx2I

P064　【地獄の食事会】マナーの鬼 VS マナーゼロの江頭
https://www.youtube.com/watch?v=DUfvlcgVhKw

【ドライブデート編】マナーの鬼vsマナーゼロの江頭
https://www.youtube.com/watch?v=cbb_zqNLzLM

ハワイから皆様へ
https://www.youtube.com/watch?v=P0lCY8VUVZM

鬼のマナー講師と台湾デートしました
https://www.youtube.com/watch?v=GW4MGp0qUzM

P066　とうとう、あのコンビニに呼び出されました
https://www.youtube.com/watch?v=5xuaHRQNlsU

P069 江頭さん、大変なことになりました
https://www.youtube.com/watch?v=zzoS_nPUIy4

P072 【緊急凸】奥さんに逃げられたって聞きましたが・・・
https://www.youtube.com/watch?v=iUC74YCLnX4

P073 【佐賀バルーンフェスタ】江頭、35年越しの夢を叶えた日。
https://www.youtube.com/watch?v=B7XTkvWTD1w

P076 朝〝から〟ハシゴ酒 〜江頭、赤羽人情編〜
https://www.youtube.com/watch?v=ujQHQ6yb8EU

P077 【江頭釣り部】江頭、伝説の巨大モンスターマグロを釣る！
https://www.youtube.com/watch?v=QOUwaZZ2SQg

P078 “エガちゃんねるマグロ祭り”が終わって
https://www.youtube.com/watch?v=l05JZfucAm0

P080 【問題作】ブリーフ団が辞めるドッキリを仕掛けたら、とんでもないことになった
https://www.youtube.com/watch?v=ZUQ4gisOkIU

P081 この動画は本当に公開していいのか？
https://www.youtube.com/watch?v=VKL--WrWVTw

P087 【伝説のスピーチ】入学式にしょこたんとサプライズ乱入！
https://www.youtube.com/watch?v=6-3gTpjkZzw

2章

P095 江頭、人生で最高の１日。
https://www.youtube.com/watch?v=4G8keflB0y4

P097 【エガフェス2024】日本一かっこ悪い芸人の「伝説の夏」
https://www.youtube.com/watch?v=lJo24juVPnU

P099 【地獄】赤字が膨れ上がってとんでもない額になりました
https://www.youtube.com/watch?v=xKp54bunC_k

P110 江頭、佐賀に帰る。
https://www.youtube.com/watch?v=--K2KTSRyns

【過去最高額】「店で一番高いものください」と言ったら心臓が止まりかけた。
https://www.youtube.com/watch?v=6IFmTOr31dI&t=368s

P111 【実家】母に会いに行きました
https://www.youtube.com/watch?v=NLIwngPiVoU

P118 恩返しだ！半年記念！エガちゃんねる花火大会！！江頭が夏の夜空に花火を打ち上げる！！
https://www.youtube.com/watch?v=eR7LyeNVPzk

【江頭釣り部】江頭、伝説の巨大モンスターマグロを釣る！
https://www.youtube.com/watch?v=QOUwaZZ2SQg

P120 怒涛の12時間生配信〜登録者２５０万人を目指して〜
https://www.youtube.com/watch?v=Mcqox-uPWN8&t=35479s

伝説の12時間生配信 〜登録者４００万人を目指して〜
https://www.youtube.com/watch?v=-Np3C1f-Rbc

【史上初】江頭、ホノルルマラソン42.195km完走するまで生配信！
https://www.youtube.com/watch?v=sA9a17K2DaI&t=16227s

P121 江頭、ホノルルマラソンへの道【前編】
https://www.youtube.com/watch?v=8MMvcrmRjOg&t=73s

江頭、ホノルルマラソンへの道【後編】
https://www.youtube.com/watch?v=8qPiboZUzPo

3章

P135 エガグループから大切なお知らせ
https://www.youtube.com/watch?v=HjNhD2NjIvE

P137 【エガー・ポッター】禁断の黒魔術を解放せよ！
https://www.youtube.com/watch?v=TaCXGX9UjNg

P147 【超巨大めし】２５０人前の「至高のチャーハン」を作ってサプライズしてみた
https://www.youtube.com/watch?v=_lZlJIYWw5Q

江頭、初めてのスーパーマリオブラザーズ
https://www.youtube.com/watch?v=O9A4v1vNmi4

P148 江頭、信じられない病に侵されていた
https://www.youtube.com/watch?v=RXz56toAZ50

【実家】母に会いに行きました
https://www.youtube.com/watch?v=NLIwngPiVoU

P151 江頭、佐賀に帰る。
https://www.youtube.com/watch?v=--K2KTSRyns

【佐賀バルーンフェスタ】江頭、35年越しの夢を叶えた日。
https://www.youtube.com/watch?v=B7XTkvWTD1w

江頭、寺門ジモンと最高の朝食を食べに行く
https://www.youtube.com/watch?v=EQRmKStkb44

P152　【1周年スペシャル】スカイダイビング で○○する男【上空3,800mからの挑戦】
https://www.youtube.com/watch?v=qXFeVW_Y9mI

真下から見る打ち上げ花火は言葉を失うほど綺麗でした。
https://www.youtube.com/watch?v=s90wFX_abzs&t=47s

【江頭史上１位】最高の韓国屋台めしを食べ尽くす！ Seoul Street Food
https://www.youtube.com/watch?v=UX72AQmiV0Q

P153　【つけ麺】江頭、初めての二郎系ラーメン４
https://www.youtube.com/watch?v=dB6CpmUYuUo

P154　スシローに呼び出された
https://www.youtube.com/watch?v=PfrRtWXys0E

P159　【江頭の乱】アレが無い島にアレを届けたら大変なことになった
https://www.youtube.com/watch?v=WxeE3eGJW9E

【江頭の乱】五島列島にアレを届けたら大変なことになった
https://www.youtube.com/watch?v=iuNKKCis8xU

P165　【オリジナル人狼】拝啓、広告審査落ちました。
https://www.youtube.com/watch?v=pLK_-ahQ-u4

孤独のス●ベ
https://www.youtube.com/watch?v=PT9mRKUQ6hg

４章

P175　【1周年スペシャル】スカイダイビング で○○する男【上空3,800mからの挑戦】
https://www.youtube.com/watch?v=qXFeVW_Y9mI

P189　【時効だから話せる話】触れてはいけなかったあの話、全て話す
https://www.youtube.com/watch?v=lcrLUDp9qZA

藤野義明（ふじの・よしあき）

登録者数450万人超（2024年12月現在）を誇る日本のトップYouTubeチャンネル「エガちゃんねる」をゼロから立ち上げた、総合演出・ディレクター、プロデューサー。

1978年生まれ、神奈川県出身。明治大学卒業後、テレビ制作会社ケイマックスに所属。2011年に制作会社「ばんぺいゆ」を設立し代表を務める。

テレビマンとして「内村プロデュース」「『ぷっ』すま」「さまぁ～ず×さまぁ～ず」「あいつ今何してる?」「グータンヌーボ」「朝までたけし軍団SP」など、多くの人気番組を手掛ける。

ネット配信では「トゥルルさまぁ～ず」「がんばれ！エガちゃんピン」なども制作。

「エガちゃんねる」ではブリーフ団Dとして番組を進行し、時には自ら出演することもある。

STAFF
企画プロデュース・編集　石黒謙吾
企画コーディネート　すずきB
構成　オグマナオト
デザイン　吉田考宏
DTP　藤田ひかる（ユニオンワークス）
編集　九内俊彦（宝島社）
制作　ブルー・オレンジ・スタジアム

協力　江頭2:50
ブリーフ団L・M・S
藤田泰実

エガちゃんねる 10億回再生 下品の流儀

2025年2月1日　第1刷発行

著　者　藤野義明（ブリーフ団D）
発行人　関川 誠
発行所　株式会社宝島社
〒102-8388
東京都千代田区一番町25番地
営業　03-3234-4621
編集　03-3239-0646
https://tkj.jp
印刷・製本　中央精版印刷株式会社

ISBN 978-4-299-06307-6